U0203647

Delight in Knowledge

爱上法式生活手作
40款纯净手感法式布杂货

吴玲月　Dianne　著

In love with
French style handmade goods

40 sewing projecis for your home

河南科学技术出版社
· 郑州 ·

因《窥看·手作达人的包包私密》一书的合作，让我品尝到Dianne那浓浓法式氛围的手作，而一次相谈甚欢的下午茶时光，我认识了奚妈妈，发现Dianne极佳的气质和品位，完全承袭自妈妈的好手艺。

于是在那个美好的Tea Time，我们敲定了由Dianne及奚妈妈共同创作一本目前在台湾很少见的法式居家生活手作书。而本书也是台湾难得出现的母女两人合著。

在40款不同于日式杂货风的法式风格手作品中，不但处处可见让生活更美好的灵感与创意，也让家人一起共同感受手作的神奇与体贴，还品尝到甜甜的法式氛围。

在尝遍这么多日式风格手作后，你是否也感受一下自由浪漫的法式手作呢?

编辑手札　企划的源起

序一

女儿Dianne从小就聪明伶俐，学什么像什么，只要她愿意，好像没有可以难得了她的。或许是从小耳濡目染，兴趣与老妈相差无几，在繁忙的工作之余，喜欢手作，就算牺牲睡眠换来熊猫眼也乐此不疲，还参与了三本手作书的创作，算是小有成绩。

此次女儿拉我下海，可说是晚辈提携长辈，对我而言可是第一次，自然倍感辛苦。不同于往常教学生的现场示范有互动的对象，创作过程中只能独自面对，喃喃自语，自问自答，自我调侃。从最初构思的平面草图到完成实品的呈现，手作的过程不免辛苦，虽谈不上含泪播种，却是欢喜收割。

自从两年前定居新北投——一个树比人多的好地方，居住空间大了许多，不但有一个光线充足的画室兼工作室，还有一方小小花园可以种种花草。更多的墙面，更多的角落，让我可以尽情展示自己的作品。自豪之余，心中满是幸福滋味！

当然这真要感谢我的另一半，对于我的执著毫无怨言，一路相挺，在各方面给我鼓励，让我可以"为所欲为"，不但能继续将对绘画的喜爱融入日常生活中，也滋养了更多手艺创作的灵感，在此次的作品中尽情发挥。而我也依着对更美好生活的想望，设计出20款生活居家布作，衷心希望能给同为手作爱好者的你提供一些设计参考。

吴玲月

关于吴玲月

自认不是一个缝纫高手，但可确定的是自己对任何能用双手做出的东西都有一股无可救药的狂热，特别用在日常生活中随处可见、随手可取的东西上。也许是生为巨蟹座的个性使然吧，尤其喜欢营造温馨独特的生活空间，随时感受生活中美丽的事物。

从小就爱画画，也乐于享受各种学习的过程，喜欢旅游、摄影，爱喝自家的香草茶。顶楼种种菜，一楼浇浇花是每天最放松的时刻。曾当过编织老师，也教过木器彩绘，目前仍持续油画创作。作画已是我的终身志业，期待有一天能开花结果。

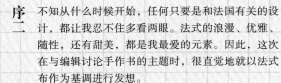

é en deux

t de ma chambre

mon lit coquille vide

is ton nom

gourmand et tendre

ssées

maladroite

序二

不知从什么时候开始，任何只要是和法国有关的设计，都让我忍不住多看两眼。法式的浪漫、优雅、随性，还有甜美，都是我最爱的元素。因此，这次在与编辑讨论手作书的主题时，很直觉地就以法式布作为基调进行发想。

长久以来，我一直有个小愿望，就是希望让其他手作同好也能认识自己充满艺术天分、也是从小引领我进入手作世界的妈妈。经过几番讨论，终于说服近年来全心投入油画的妈妈暂时放下手中的画笔，重新拾起针线、挖出箱底的缝纫机，一起参与这次的出书计划。

除此之外，为了真实展现法式居家的氛围，并完整衬托各个布作品的特色，也请上爸妈开放他们精心布置的家，进行本书的拍摄。

在本书的创作过程中，废寝忘食总是难免，平日工作忙碌之余，也偶有灵感中断的时候。但很幸运，自己的另一半在这段时间给予我许多精神上与物质上的鼓励及支持，在我埋头于缝纫机时，分担了许多家务事；在我陷入苦思时，为我加油打气。在此要特别谢谢我的老公，让我能顺利完成这本书。也衷心期盼这本书能为大家的居家生活带来更多的美感与手作乐趣！

Dianne

关于Dianne

一个从小就爱动手做的平凡上班族。只要看到喜欢的布，就会有种无法克制一定要拥有的冲动。在繁忙的工作之余，最享受创作过程中不断动脑的乐趣，和那种通过自己双手完成一件件独一无二布作品所带来的成就感。偏爱法式甜美风格和充满优雅气息的设计，期望有朝一日能拥有属于自己品牌的工作室。

Répertoire |目录|

厨房&餐厅篇 Kitchen & Dining Room

Ah! Les premières fleures, qu''elles sont parfum...
Et qu''il bruit avec un murmure charmant
Le premier oui qui sort de lèvres bien-aimées!

客厅篇 Living Room

nus étions seul à seule et marchions en rêvant,
moi, les cheveux et la pensée au vent,
Soudain, tournant vers moi son regard émouvant:
ton plus beau jour?" fit sa voix d''or vivant.

卧室篇 Bedroom

工作室篇 Workshop

外出篇 Going Out

幸福手作的现在进行式 How to Make

美好的一天从亲手准备早餐开始，
并在细细的品尝中展开……

厨房&餐厅篇 Kitchen & Dining Room

LES PLATS:
- Andouillette Lyonnaise, Gratin Dauphinois
- Tablier de Sapeur
  (Escalope de Tripe pannée à la Moutarde)
- Pieds de Cochon panés, sauce gribiche
- Cochonaille chaude
  (pot au feu de Cochon avec oreilles,
  queue, saucisson, plat de côte)

乡村隔热手套★Oven Glove

平时就呵护有加的双手，
在煮饭时更是要好好地保护。
有了这款充满乡村风情的隔热手套，
拿烫锅时再也不怕受伤了。

PLAT:
• Andouillette Gastronomique, gratin Dauphinois, Sauce M
• Steak à l'Echalote, gratin Dauphinois..
• Tablier de Sapeur, Sauce Gribiche, Pommes Vapeur (E
• Gâteau de Foies de Volaille, riz Blanc.
               Sauce Gribiche, Pommes

设计：Dianne
做法见p.64

法式优雅围裙★Apron

穿上这款有点蓬裙设计的围裙，
让你在厨房料理时也依然优雅美丽。

设计：Dianne
做法见p.66

随处挂杂物袋★Hanging Storage

多用途的杂物袋，
可放在洗衣房、厨房，甚至闺房，
是实用与装饰兼具的收纳好选择喔！

设计：吴玲月
做法见p.98

Et la mère, fermant le livre du devoir,
s'en allait satisfaite et très fière, sans voir,
Dans les yeux bleus et sous le front plein d'airain
L'âme de son enfant livrée aux répugnances

设计：吴玲月
做法见p.100

塑料袋收纳袋★Plastic Bag Holder

讲究环保的时代，
除了尽量少用塑料袋外，
也要将可再利用的袋子好好收集起来喔！

杯垫★Coasters

家里总有些放置多年、
再也用不到的CD，
何不利用它来做杯垫？
不但可提升家里的氛围，
也为保护地球尽一份力喔！

设计：吴玲月
做法见p.102

茶壶保温套★Tea Cozy

给茶壶穿上美美的衣服，
茶的滋味也更加温润。

设计：吴玲月
做法见p.103

下午茶餐垫★Placemat

和好友相聚，
享受下午茶时光。
泡壶茶，放上小点心，
再来首法国香颂，
在家就能有五星级饭店的享受！

设计：吴玲月
做法见p.101

法国组曲隔热杯垫★Coaster

分开时是四个不同设计又可双面使用的杯垫，
组合起来则变成一个实用的隔热垫。
是不是很像一首巧妙编排的圆舞组曲？

设计：Dianne
做法见p.68

巧妇食谱书套★Book Cover

手抄食谱穿上特制的书衣就是我独一无二的料理大全！
书折内的透明窗是放置容量及重量换算表的专属空间，
方便料理中随时对照。

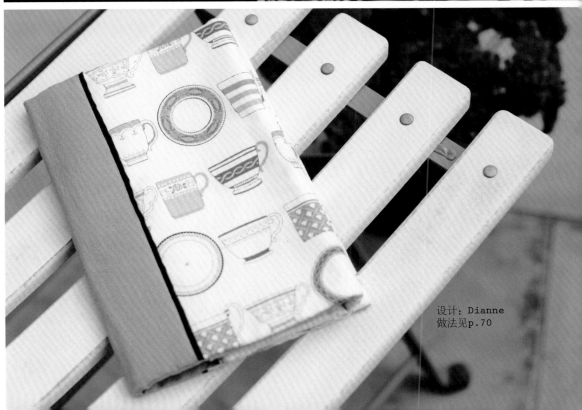

设计：Dianne
做法见p.70

休憩、放松，最安心的所在，
在外征战一天的大船，
驶进温馨的港湾……

客厅篇 Living Room

Nous étions seul à seule et marchions en rêvant,
Elle et moi, les cheveux et la pensée au vent.
Soudain, tournant vers moi son regard émouvant:
"Quel fut ton plus beau jour?" fit sa voix d'or vivant,

长方形及正方形抱枕★Cushion Set

木质扣不但可以闭合开口，更有出人意表的装饰效果。

设计：吴玲月
做法见p.105、p.107

Ah! Les premières fleurs, qu''elles sont parfumées!
Et qu''il bruit avec un murmure charmant
Le premier oui qui sort de lèvres bien-aimées!

遥控器收纳篮★Remote Control Basket

大小、长短都不一的遥控器，
只要统统放入收纳篮内的小隔间，
就再也不怕碰撞或找不到咯！

设计：Dianne
做法见p.73

法式圆形抱枕★Round Cushion

结合紫色、皱褶和蕾丝等强调浪漫的元素，
让这款圆形抱枕充满质感及女王般的高贵气质。

设计：Dianne
做法见p.75

Sur le fruit coupé en deux
Dur miroir et de ma chambre
Sur mon lit coquille vi
J'écris ton nom

Sur mon chien gourmand et tend
Sur ces oreilles dressées
Sur sa patte maladroite
J'écris ton nom

设计：Dianne
做法见p.76

条纹室内布拖鞋★Slippers

轻便的布拖鞋选用纯棉布来缝制，
让脚丫子透气、无负担，
就像漫步在云端。

设计：Dianne
做法见p.78

乡村小花脚踏垫★Door Mat

以小碎花布为主的简单拼接，
再配上少许的蕾丝，
让你一踏进家门就仿佛轻松自在地漫步在乡村田野间。

相框★Photo Frame

喜欢拍照的我，
有时还真找不到适合的相框来搭配照片呢，
既然如此就动动手为自己量身定做吧！

sans souvenir

n nom

设计：吴玲月
做法见p.109、p.111

le pouvoir d'un mot

e recommence ma vie

ur te connaître

nommer

Liberté

设计：Dianne
做法见p.80

凡尔赛花园壁钟★Wall Clock

钟面中央的同心圆刺绣是典型法式庭园里的喷水池，
而四周的纽扣就像是缤纷的花圃。
随着时针缓缓地走动，
仿佛我也悠游在华丽的凡尔赛花园。

面纸盒★Tissue Box

带有温柔触感的布艺面纸盒，
立刻让室内的一隅温暖起来。

设计：吴玲月
做法见p.112

Une allée du Luxembourg

passé, la jeune fille

Vive et preste comme un oiseau

À la main une fleur qui brille,

À la bouche un refrain nouveau.

C'est peut-être la seule au monde

t le cœur au mien répondrait.

布置一个舒舒服服，
伴我好眠的空间，
安心充满电，
迎接每一个早晨的到来……

卧室篇　Bedroom

Une allée du Luxembourg
Elle a passé, la jeune fille
Vive et preste comme un oiseau
A la main une fleur qui brille,
A la bouche un refrain nouveau.
C'est peut-être la seule au monde
Dont le coeur au mien répondrait.

设计：吴玲月
做法见p.113

棉麻芳香袋★Fragrant Sachet

束口式的芳香袋，
挂在门把或放入衣柜，立刻满室生香。

设计：Dianne
做法见p.81

爱的白兔吊饰★Hanging Decoration

跳跃中的可爱小白兔带着两颗饱满的爱心。
这个吊饰不管挂在哪里，
一定都可以为这个家带来更多的爱和温暖！

杯子蛋糕小置物盒★Mini Jewelry Box

甜美诱人的杯子蛋糕令人好想咬一口！
你看得出来，它其实是一个迷你置物盒吗？

设计：Dianne
做法见p.82

浪漫衣架★Cloth Hanger

漂亮的衣服配上漂亮的衣架，
更能增添几分浪漫哟！

设计：吴玲月
做法见p.114

薰衣草芳香袋★Fragrant Sachet

从此衣柜里便有了对普罗旺斯的无限想象了。

设计：吴玲月
做法见p.115

设计：吴玲月
做法见p.116

卷筒卫生纸盒★Toilet Roll Box

市面上似乎很难找到圆筒状的卫生纸盒。
卷筒卫生纸一般都是大喇喇地挂在墙上，
真的是毫无美感可言。
为它找个家，
改用抽取的方式，可谓既实用又美观。

复古绣花珠宝盒★Jewelry Box

刺绣图案配上复古蕾丝，
这是一个充满低调华丽风的珠宝盒，
适合把你所有最珍贵的首饰统统放进去。

Ah! Les premières fleures, qu''elles sont parfumées!
''il bruit avec un murmure charmant
emier oui qui sort de lèvres bien-aimées!

设计：Dianne
做法见p.84

伴我圆了手作梦的好伙伴，
也该为它们准备一个舒适的窝，
好一起迎接美好的手作时光。

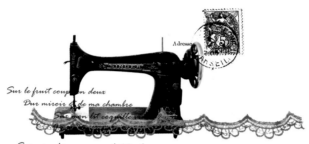

Sur le fruit coupé en deux
Dur miroir et de ma chambre
Sur mon lit coquille vide

Sur mon chien gourmand et tendre
Sur ces oreilles dressées
Sur sa patte maladroite
J'écris ton nom

工作室篇 Workshop

粉红佳人工作袋★Tool Bag

量身定做的工具袋，
让所有琐碎的缝纫工具有个专属的家，
再也不怕临时找不到咯！

设计：Dianne
做法见p.86

小瓢虫针插★Pin Cushion

菜园里发现的瓢虫真的不只有红色。
代表幸运的小瓢虫，
我喜欢它可爱的小斑点。
利用小珠针表现出小斑点，
自己也很满意。

设计：吴玲月
做法见p.118

设计: Dianne
做法见p.88

万用棉麻置物篮 ★Linen Basket

看到美丽的布总是忍不住带回家，
不知不觉，布的数量越来越多了。
做个有造型的收纳篮，
好好保存我的这些宝贝收藏品。

Paul Éluard

Liberté

Sur mes cahiers d'écolier
Sur mon pupitre et les arbres
Sur le sable sur la neige
J'écris ton nom

针线盒 ★ Sewing Box

家里总有些必备的针线小工具，
做一个大大的盒子，
就可以把它们好好地收纳进来了。

设计：吴玲月
做法见p.119

阳光正好，
氛围也对，
带着心爱的手作，
出去遛遛吧……

外出篇 Going Out

轻松带休闲包★Shoulder Bag

大大的包，
一次带足所有东西上街逛逛，
还可以将战利品装回家呢！

设计：吴玲月
做法见p.121

典雅化妆包★Cosmetic Purse

女人嘛，化妆品总是离不开身，
化妆包当然是大包中不可或缺的必备品喔！

设计：吴玲月
做法见p.124

蝴蝶结两用背包★Two Way Bag

甜美的蝴蝶结很有法国女孩风。
这款以蝴蝶结为主的背包，
只要稍微调整一下打结的位置，
就可以把背带变短，将斜背包变成侧背包。

设计：Dianne
做法见p.90

轻巧化妆包★Cosmetic Purse

气质好的女孩，
出门总少不了一些补妆的小工具，
就搭配同款式的轻巧型化妆包，
来把它们装起来吧！

设计：Dianne
做法见p.92

蝴蝶飞舞手提袋★Granny Bag

一个超过二十年的蝴蝶别针，
是这款双面手提袋的创作灵感来源。
藕色带点珠光色泽的那面适合稍微正式的场合，
黄色小碎花那面则适合一般外出使用。

Nous étions seul à seule et marchions en rêvant,
Elle et moi, les cheveux et la pensée au vent,
Soudain, tournant vers moi son regard émouvant:
"Quel fut ton plus beau jour?" fit sa voix d'or vivant,

设计：Dianne
做法见p.93

缤纷春日托特包★Tote Bag

水仙花的鲜黄、郁金香的粉红，
再加上风信子的紫藕色，
你是否也嗅到了春天的气息？

设计：Dianne
做法见p.94

随身眼镜袋 ★Glasses Pouch

老是在找眼镜吗？
有了这个袋子，眼镜就可带在身边。
省去好多时间，超好用的，
而且偶尔它也可以串场，当做手机袋喔！

设计：吴玲月
做法见p.126

Et la mère, fermant le livre du devoir,
S'en allait satisfaite et très fière, sans voir,
Dans les yeux bleus et sous le front plein d'ivoire
L'âme de son enfant livrée aux répugnances

设计：吴玲月
做法见p.127

钥匙袋★Key Pouch

用布做的钥匙袋，
不但重量轻，
而且手感也更觉温暖喔！

夏日阳光披肩★Summer Shawl

夏天的阳光总是炎热。
随手披上一件淡色系的披肩，
不但可以避免晒黑，
连心情也跟着消暑啰！

设计：Dianne
做法见p.96

设计：Dianne
做法见p.97

牡丹花头饰★Hair Band

在法国，
牡丹花被喻为有恋爱的感觉。
戴上这个头饰，
你也会有恋爱般的幸福好气色。

CROSSLEY
123364
Prix 159.00 Frs + 45.00 Frs frais de location   Le Grand Rex 75002 PARIS
491979   WEB   TN   2379016 05/04/00 14 48 ENTI 006   1 Boulevard Poissonniere
                                                                       GERARD DROUOT PRODUCTIONS PRESENTE

                                                                       LUNDI 29 MAI 2000 20h30

            MEZZANINE A 019

幸福手作的现在进行式   How to Make

乡村隔热手套

Oven Glove

说明：本书图、表中的尺寸均以厘米(cm)为单位

参照原尺寸纸型A面
完成尺寸：24cm×16cm

材料：

布料	纸型编号
素棉麻布	A1、B、C1
白色松饼布	A2、C2
蓝白色系印花布	A3、C3
浅蓝色格子棉布	A5、B、C5
厚单胶棉	A4、B（2片）、C4

咖啡色缎带：1.5cm×8cm，1条
木质扣：1颗

做法： 除厚单胶棉以外，纸型均需另加1cm缝份。

1. 手套外层的准备。

1-1 将A1、A2、A3正面相对，于距边1cm处车缝缝合，C1、C2、C3也以相同方式缝合。见下图。

1-2 将拼接完成的手套外层翻至背面，用熨斗熨烫开缝份后，将厚单胶棉烫合。最后再翻回正面，并在布片接缝处及A1和C1部分车缝压线。

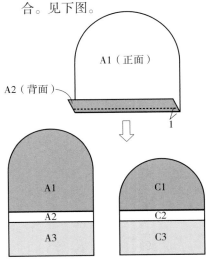

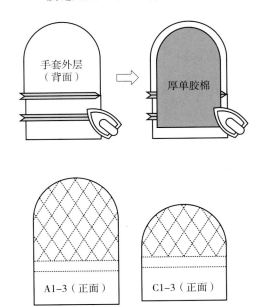

1-3 用熨斗将两层厚单胶棉烫合在浅蓝色格子棉布B的背面后，翻回正面车缝压线。

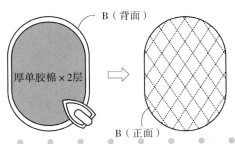

2. 手套外层的缝合。

将A1-3及B顶端按下图对齐并正面相对后，上缘车缝一圈固定。将B的下端于止缝处向上折起，将C1-3置于上方并对齐后，上缘车缝一圈固定。最后将缝份剪出牙口，方便之后的翻面。

3. 手套内层的缝合。

将A5、B及C5按照手套外层的方式缝合固定。最后将缝份剪出牙口后，翻回正面。

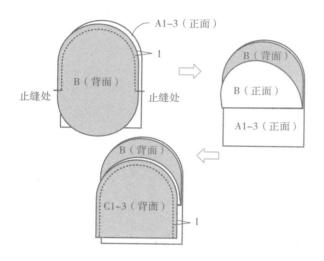

4. 手套外层及内层的缝合。

先将手套内层套入外层。下缘预留8cm返口后，车缝一圈将内外层固定。再将手套从返口处翻回正面后，手缝将返口缝合。

5. 缎带和木质扣的缝合。

先将缎带两端向内折入0.5cm并对折后，手缝将其固定在手套正面边缘。最后缝上木质扣即完成。

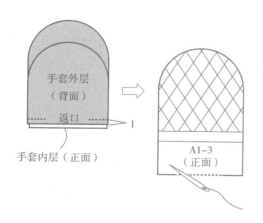

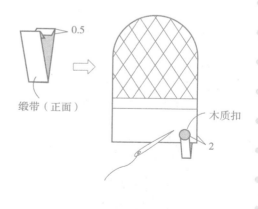

法式优雅围裙 *Apron*

参照原尺寸纸型A面
完成尺寸：87cm×90cm

（不含绑带及颈带）

材料：

裙身／上缘（蓝色印花棉布）：36cm×66cm，1片
绑带（深蓝色条纹棉布）：7cm×62cm，6片
裙摆（灰色素棉布）：53cm×94cm，1片
米白色织带：4cm×56cm，1条

做法： 所有纸型已含缝份。

1. 裙身的缝制。

1-1 将裙身两侧向背面折入两次后，车缝两道固定。上缘与裙身正面相对并车缝固定后，将上缘翻至与裙身背面相对，并将上缘的左、右、下侧向背面折入后车缝固定。

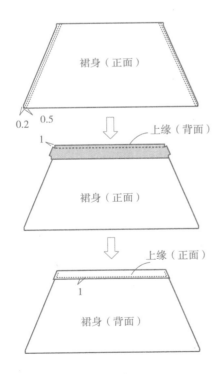

1-2 对裙身上端如图示将A分别向中心线折入后车缝固定。

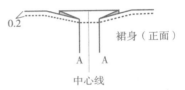

2. 裙摆的缝制。

2-1 对裙摆上端如图示将大写字母分别向小写字母折入后车缝固定。

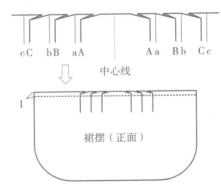

2-2 再将裙摆左、右及下缘向背面折入两次后车缝固定。

3. 绑带的缝制。

3-1 分别将三片布条（绑带）正面两两相对后，两端车缝拼接，完成两条绑带，如下图。将其中一条绑带与裙摆正面相对后，侧边车缝固定，另一边则与裙身正面相对后车缝固定。最后绑带两侧需向内折入1cm。

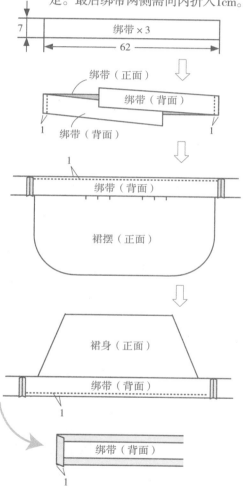

3-2 再将另一条绑带四边向背面折入1cm后，与缝在裙身及裙摆上的绑带背面相对对齐，并车缝一圈固定。

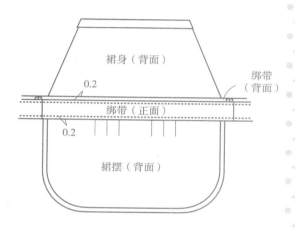

4. 颈带的制作。

先将织带两端裁剪成斜角后，车缝上喜欢的图案。再将织带两端向内折入1cm后，车缝固定于裙身。

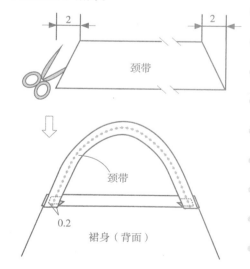

法国组曲隔热杯垫

Coaster

完成尺寸：每片10cm×10cm

材料：

A（深蓝色棉布）：16cm×12cm，1片
B（深蓝色格子棉布）：12cm×14cm，1片
C（浅蓝色格子棉布）：10cm×12cm，1片
D（素棉麻布）：12cm×22cm，1片；12cm×12cm，4片
E（蓝色系印花棉布）：17cm×6cm，1片

厚单胶棉：10cm×10cm，4片
蓝白红条纹缎带：1.5cm×7cm，4条

做法： 除厚单胶棉外，所有布料均需另加1cm缝份。

1. **杯垫正面的裁剪及缝合。**
   布料如图所示，分别裁好并车缝拼接。

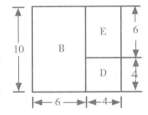
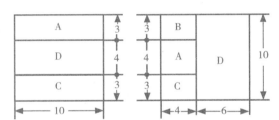
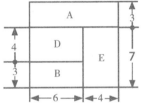

2. **铺棉及压线。**
   将拼接好的杯垫翻面用熨斗熨开缝份后，将厚单胶棉分别烫合。最后将杯垫翻回正面，并在布片接缝处车缝压线。

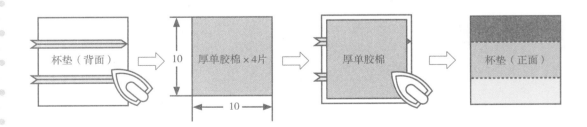

3. **杯垫反面的裁剪及缝合。**

把杯垫反面按图所示裁好4片后，与杯垫正面相对车缝一圈固定，下端记得预留8cm的返口。

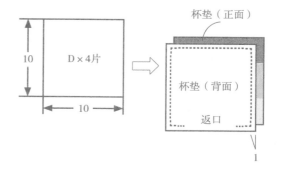

4. **完成杯垫。**

4-1　杯垫的四角分别剪掉一些缝份后，从返口将杯垫翻回正面，并手缝将返口缝合。

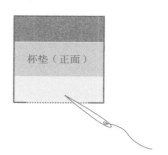

4-2　将缎带两端折入0.5cm后，对折夹在如图所示杯垫位置上，并手缝固定。

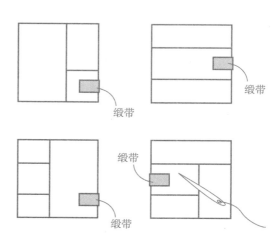

巧妇食谱书套

Book Cover

完成尺寸：22cm×16cm
（适用于无印良品植林木系统A5笔记本）

材料：

布料			布料		
灰蓝色格子棉布	A	24cm×12cm，1片	杯盘图案棉布	D	24cm×12cm，2片
透明塑胶布	B	22cm×10cm，1片		F	24cm×13cm，2片
灰色素棉布	C	24cm×12cm，1片	薄单胶棉	G	22cm×9cm，1片
	E	24cm×11cm，1片	深蓝色素棉布	H	24cm×3cm，2片
	I	24cm×73cm，1片			

做法： 除薄单胶棉以外，所有布料均已含1cm缝份。

1. **布料的裁剪。**

   将布料分别裁剪好备用。

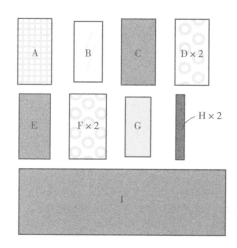

2. **透明窗的缝制。**

   2–1　A及C正面相对并车缝一圈固定后，从中间剪开，并剪出牙口。

   2–2　将C从中间洞口穿入翻回正面后，将透明塑胶布置于正后方并车缝一圈固定。A的右侧向后0.5cm折入两次后，车缝固定。

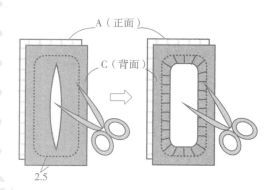

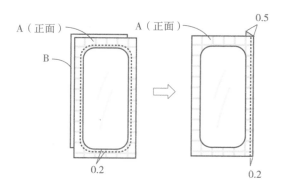

3. 书封及封底的缝制。

用熨斗将E及G烫合后，将H背面相对对折，并对齐于E及F中间后车缝固定。E的另一侧也用相同方式与H及F缝合。

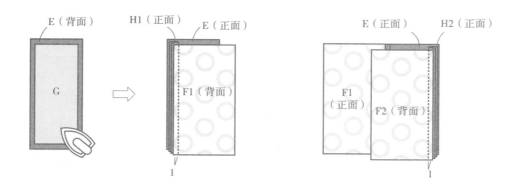

4. 书折的缝制。

4-1　I的正面用水消笔依图示间距画好记号后，将a对齐c折好并车缝固定。

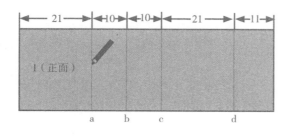

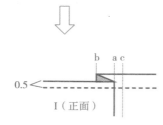

4-2 将A及D1车缝固定于I后，再将D1及D2分别与书封及书底（E、F、H）车缝固定。

4-3 将所有布片如图所示折叠好，下端预留8cm返口，并车缝一圈。最后从返口将书套翻至正面后，用藏针缝将返口缝合即完成。

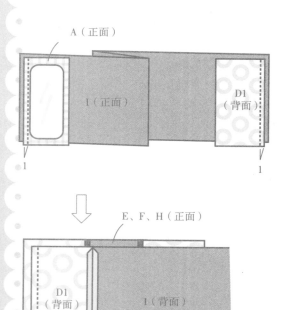

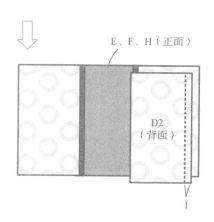

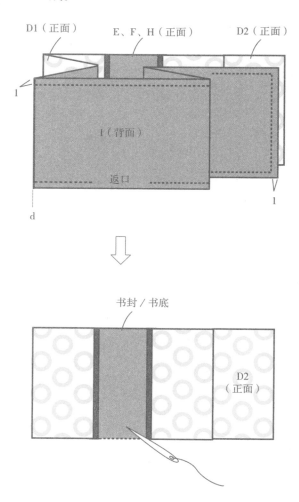

遥控器收纳篮

Remote Control Basket

完成尺寸：15cm×15cm×15cm

材料：

外袋／外袋底（紫色仿古布）：20cm×106cm，1片
内袋／内袋底／口袋外层（紫色印花棉布）：38cm×72cm，1片
口袋内层（浅咖啡色仿麂皮布）：13cm×56cm，1片

薄单胶棉：27cm×68cm，1片
厚布衬：14cm×14cm，1片
白色蕾丝：46cm，1条

做法： 所有布料均已含1cm缝份。

1. 布料的裁剪及烫合。

1-1 将布料如图所示分别裁剪。

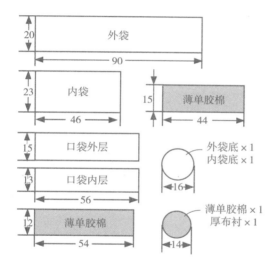

1-2 将内袋及内外袋底分别与薄单胶棉及厚布衬烫合。

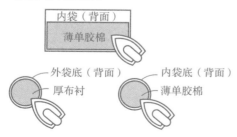

2. 口袋的缝制。

2-1 将口袋内层与外层正面相对并车缝固定后，翻至背面将缝份烫开，再用熨斗将薄单胶棉烫合。

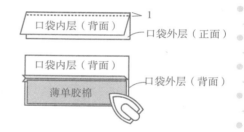

2-2 将口袋内层向下折并对齐后，上缘车缝固定。

2-3 用水消笔依照以下间距说明画好记号。

	a	b	c	d	e
内袋	9	8.5	8.5	9	9
口袋外层	11	10.5	10.5	11	11

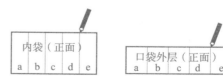

2–4 将口袋外层上的记号与内袋的对齐
后车缝固定。底部0.5cm处也车缝固
定。再将蕾丝车缝固定于内袋上端。

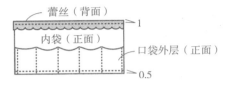

3. **内袋的缝制。**

蕾丝翻回正面后车缝一圈固定。再将内袋
正面相对对折并于侧边车缝固定。最后将
内袋底及内袋下端车缝一圈固定。

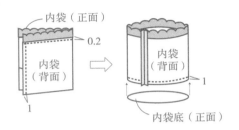

4. **外袋的缝制。**

4–1 将外袋正面相对对折，并于侧边车
缝固定后，将外袋下端打折，并与
外袋底车缝一圈固定。

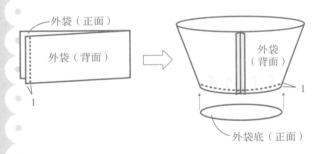

4–2 外袋翻回正面后，将内袋套入。再
将外袋上端向内袋背面折入1cm，
打折后与内袋手缝一圈固定。

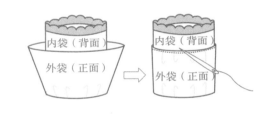

4–3 最后将内袋上端向下折好后，沿袋
缘车缝一圈固定即可。

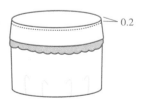

法式圆形抱枕

Round Cushion

参照原尺寸纸型A面
完成尺寸：50cm×50cm

材料：

抱枕前面（印花棉布）：32cm×32cm，1片
抱枕后面（深紫色仿古布）：72cm×82cm，1片
浅褐色出牙滚边：96cm，1条

白色花边：96cm，1条
白色拉链：40cm，1条
圆形枕芯：直径50cm，1个
珠针

做法： 除特别注明外，纸型均需另加1cm缝份。

1. 裁剪布料。

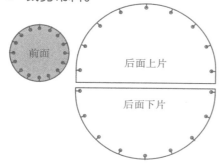

2. 抱枕前面的准备。

先将出牙滚边面向圆心车缝一圈于前面
后，再将花边也面向圆心车缝一圈固定。

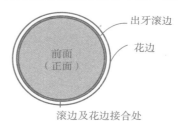

3. 拉链的缝合。

3–1　后面上片及下片均向背面折入1cm
两次后，将拉链对准中心位置缝合。

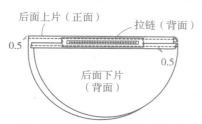

3–2　再将后面上、下片重叠的两端15cm
缝合。

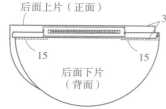

3–3　上片向上折后，将后面两片翻回正
面，并车缝∏形固定。

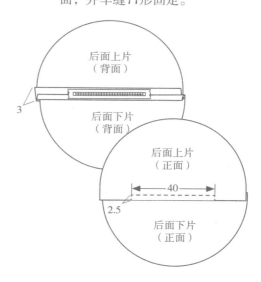

4. 抱枕的缝合。

抱枕前面及后面两片正面相对后，将记号对齐并用珠针固定。　再用手缝方式将抱枕后面缩缝
至前面，最后车缝一圈固定，并锁边避免脱线。记得在缝合前将拉链拉开作为返口！

条纹室内布拖鞋

Slippers

参照原尺寸纸型B面
完成尺寸：每双 26cm×14cm
（女鞋尺寸7号）

材料：

内鞋面／后跟（灰色素棉布）：30cm×66cm，1片
外鞋面（蓝绿色条纹棉布）：23cm×48cm，1片
鞋内底A（印花纱棉布）：28cm×24cm，1片
鞋内底B（白色素棉布）：28cm×24cm，1片
鞋外底（灰色仿麂皮布）：28cm×24cm，1片
厚单胶棉：26cm×60cm，1片
厚布衬：26cm×20cm，1片
木质扣：2颗

做法： 除厚单胶棉及厚布衬外，所有纸型均需另加1cm缝份。

1. 鞋面的缝制。

1-1 将厚单胶棉与外鞋面烫合后，与内
鞋面正面相对，并于下缘车缝固
定。将下缘缝份剪出牙口后，再将
内外鞋面翻回正面对齐，并于上缘
车缝固定。

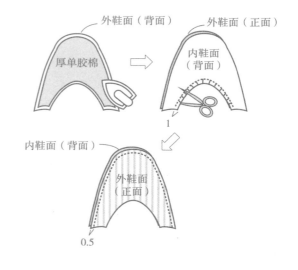

1-2 将鞋跟一侧与外鞋面对齐后车缝固
定。鞋跟另一侧也以相同方式缝合。
再将鞋跟上端向背面折入1cm后
车缝固定。

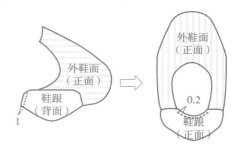

2. 鞋底的准备。

厚单胶棉与鞋内底B用熨斗烫合后，将鞋内底A放置于鞋内底B上并车缝一圈固定。鞋外底则用熨斗将厚布衬烫合固定。

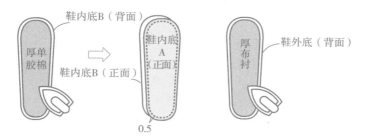

3. 拖鞋的缝合。

3-1　将鞋内底和外鞋面、鞋跟对齐后车缝一圈固定。再与鞋外底正面相对后，预留6cm返口后车缝一圈固定，并将缝份剪出牙口。

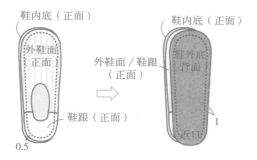

3-2　从返口将拖鞋翻回正面后，用藏针缝将返口缝合。再将鞋跟往下压，并手缝固定于内鞋底。最后将木质扣手缝固定于外鞋面中间位置即完成。

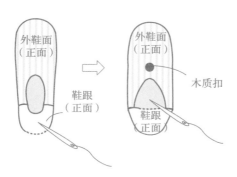

乡村小花脚踏垫
Door Mat

完成尺寸：45cm×70cm

材料：

脚踏垫正面

A（深红色圆点棉布）：10cm×15cm，1片
B（白色松饼布）：10cm×20cm，1片
C（印花棉麻布）：30cm×10cm，1片
D（深紫色仿古布）：15cm×15cm，1片
E（棉麻格子布）：15cm×10cm，1片
F（印花棉麻布）：30cm×10cm，1片
G（深红色圆点棉布）：25cm×10cm，1片
H（白色松饼布）：15cm×15cm，1片
I（深紫色仿古布）：15cm×10cm，1片
J（棉麻格子布）：30cm×10cm，1片
K（白色松饼布）：10cm×10cm，1片
L（印花棉麻布）：20cm×15cm，1片
M（深红色圆点棉布）：5cm×10cm，1片
N（深紫色仿古布）：10cm×20cm，1片
O（棉麻格子布）：10cm×15cm，1片

脚踏垫反面

浅咖啡色仿麂皮：45cm×70cm，1片

厚单胶棉：45cm×70cm，1片
白色蕾丝：47cm，2条

做法： 除厚单胶棉以外，所有布料均需另加1cm缝份。

1. 脚踏垫正面的裁剪及缝合。

将布料如图所示分别车缝拼接。

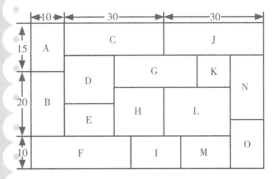

2. 铺棉及压线。

将拼接好的脚踏垫翻面用熨斗熨开缝份，再将厚单胶棉烫合。最后将脚踏垫翻回正面，并在布片接缝处车缝压线。

3. 蕾丝的缝合。

将蕾丝两端0.5cm向后折入两次后，分别面向脚踏垫中心，并与脚踏垫正面的左右两边车缝固定。

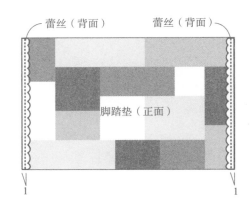

蕾丝（背面）　　　蕾丝（背面）

脚踏垫（正面）

4. 脚踏垫反面的缝合。

将脚踏垫反面（浅咖啡色仿麂皮）与正面车缝一圈固定，下端预留20cm返口。

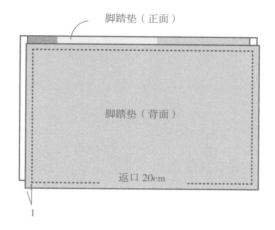

脚踏垫（正面）

脚踏垫（背面）

返口 20cm

1

5. 完成脚踏垫。

将脚踏垫的四角分别剪掉一些缝份后，从返口将脚踏垫翻回正面，并手缝将返口缝合。

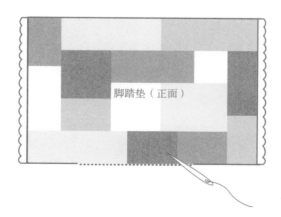

脚踏垫（正面）

凡尔赛花园壁钟
Wall Clock

参照原尺寸纸型B面
完成尺寸：25cm×25cm

材料：

钟面（粉红色圆点棉布）：直径20.5cm，1片
钟框（紫藕色仿丝缎布）：28cm×79cm，1片
厚单胶棉：直径18.5cm，1片
厚布衬：直径18.5cm，1片

IKEA RUSCH壁钟：1组
各色纽扣：8颗
松紧带：70cm，1条

做法： 所有布料均已含1cm缝份。

1. 钟面的缝制。

1-1　用熨斗将厚单胶棉及厚布衬依序与钟面烫合。

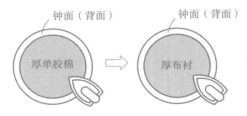

钟面（背面）　厚单胶棉　钟面（背面）　厚布衬

1-2　将钟面翻至正面后，将数字及图案用水消笔描绘并车缝上。

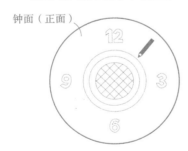

钟面（正面）

1-3　将纽扣缝制在图示的位置后，钟面中央开洞供摆放机芯。

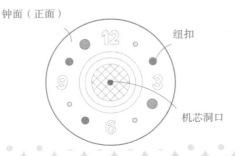

钟面（正面）　纽扣　机芯洞口

2. 钟框的缝制。

2-1　将钟框正面相对对折并车缝固定后，下缘打折，并与钟面车缝一圈固定。

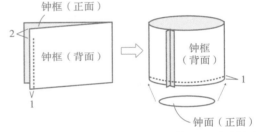

钟框（正面）　钟框（背面）　钟框（背面）　钟面（正面）

2-2　将钟框翻至正面并于上缘开口车缝固定后，向背面1cm折入两次并车缝一圈固定。最后将松紧带从上端洞口穿入后，两端车缝固定。

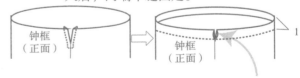

钟框（正面）　钟框（正面）　松紧带由此穿入一圈

3. 壁钟及机芯的组合。

先将IKEA RUSCH壁钟上的透明塑胶盖及机芯分别小心取下后，将钟面放入壁钟里面。再把机芯和透明塑胶盖分别装回去后，将钟框包覆上即可透明玻璃盖

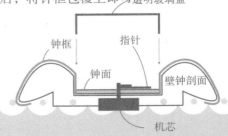

透明玻璃盖　钟框　指针　钟面　壁钟剖面　机芯

爱的白兔吊饰

Hanging Decoration

参照原尺寸纸型A面
完成尺寸：28cm×10cm

材料：

A（松饼布）：20cm×12cm，1片
B（棉麻格子布）：16cm×8cm，1片
C（深咖啡色圆点布）：16cm×13cm，1片

麻绳：5cm，2条；28cm，1条
填充棉：少许

做法： 所有纸型均需另加1cm缝份。

1. **裁剪布料。**

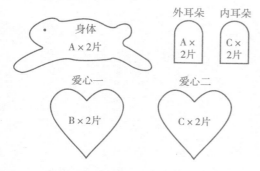

2. **爱心的缝合。**

2-1　将爱心一的两片和爱心二的两片各自正面相对后车缝一圈固定。爱心一的上下两端各留一个返口，爱心二的上端留一个返口。

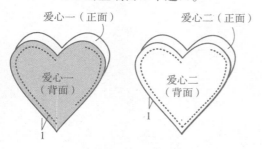

2-2　将缝份剪出牙口后，将爱心翻回正面。塞入填充棉并将麻绳塞入1cm后，手缝缝合返口。

3. **耳朵的缝合。**

将外耳朵及内耳朵正面相对后，车缝一圈固定。将缝份从1cm宽裁剪至0.5cm宽后，从返口翻回正面。最后a对齐a'，向内耳朵方向折起。

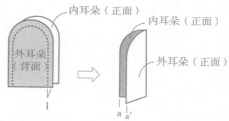

4. **兔子的缝合。**

4-1　将兔子身体正面相对并车缝一圈固定（上、下均留返口），将缝份从1cm宽裁剪至0.5cm宽后，从返口翻回正面。

4-2　塞入填充棉、两只耳朵及麻绳后，将返口手缝缝合。最后刺绣上"LOVE"字样及眼睛即完成。

杯子蛋糕小置物盒
Mini Jewelry Box

参照原尺寸纸型A面
完成尺寸：11cm×9cm×9cm

材料：

内盒身／内盒底／内盒盖（白色素棉布）：19cm×30cm，1片
外盒身／外盒底（格子棉麻布）：18cm×23cm，1片
外盒盖（粉红色圆点棉布）：16cm×16cm，1片
奶油装饰（白色松饼布）：8cm×8cm，1片

薄单胶棉：15cm×21cm，1片
填充棉：少许
白色蕾丝：24.5cm，1条
咖啡色造型扣：1颗

做法： 所有纸型均需另加1cm缝份。

1. 盒身的缝合。

1-1 将内盒身正面相对对折，并于侧边车缝固定后，将内盒底及内盒身缝合。

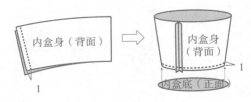

1-2 用熨斗将薄单胶棉分别与外盒身及外盒底烫合后，重复步骤1-1将外盒身及外盒底缝合。再将外盒翻回正面后，盒底接缝处用卷针缝手缝一圈加强固定。

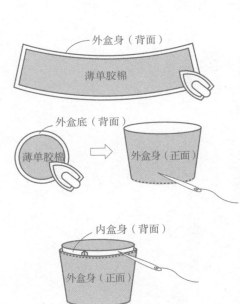

1-3 将内外盒上缘向背面折入1cm后，将内盒套入外盒。再用藏针缝手缝一圈固定。

1-4 将蕾丝两端向后折入1cm后，在距离外盒上缘1.5cm处，用藏针缝手缝一圈固定。

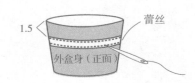

2. 盒盖的缝制。

2-1 将内盒盖正面相对对折并车缝固定
后，将外盒盖边缘抓皱，并正面相
对缝合在内盒盖边缘。

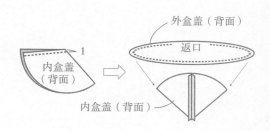

2-2 从返口将盒盖翻回正面并塞入填充
棉至蓬松，再用藏针缝将返口缝合。

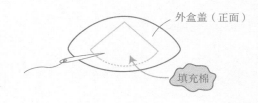

2-3 取少许填充棉并用奶油装饰布包覆
后，用藏针缝缝合在外盒盖上。最
后将造型扣缝合在奶油装饰上即可。

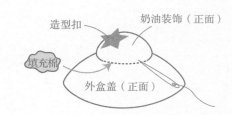

复古绣花珠宝盒

Jewelry Box

完成尺寸：9cm×19cm×7cm

材料：

外盒身 / 外盒底（酒红色仿古布）：29cm×32cm，1片
内盒身 / 内盒底 / 内盒盖 / 手表枕（素棉麻布）：51cm×32cm，1片
外盒盖 / 包扣布（刺绣图案印花棉布）：11cm×25cm，1片
薄单胶棉：85cm×19cm，1片
透明塑胶板：39cm×19cm，1片

填充棉：少许
棉麻蕾丝：58cm，1条
仿麂皮绳：10cm，1条
塑料裸包扣：1.5cm，1颗

做法： 除薄单胶棉及包扣布外，所有布料均需另加1cm缝份。

1. 布料的裁剪及烫合。

1-1　将布料如图所示分别裁剪。

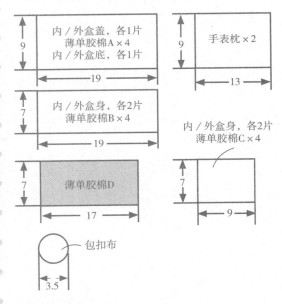

1-2　用熨斗将布料分别与薄单胶棉烫合。

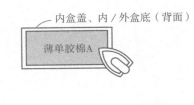

内盒盖、内 / 外盒底（背面）
薄单胶棉A

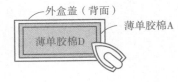

外盒盖（背面）
薄单胶棉A
薄单胶棉D

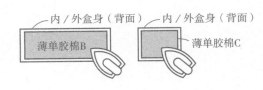

内 / 外盒身（背面）
内 / 外盒身（背面）
薄单胶棉B
薄单胶棉C

2. 塑胶板的裁剪。

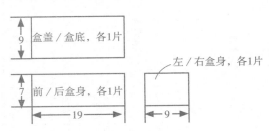

3. 珠宝盒的缝合。

3-1 将外盒盖及内盒盖四边分别向背面折入1cm后，背面相对包覆塑胶板，并以藏针缝手缝一圈固定。内外盒底及内外盒身也用相同方式手缝固定。

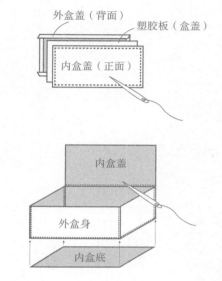

3-2 将盒盖、盒身及盒底分别如图所示，用藏针缝手缝组合固定。

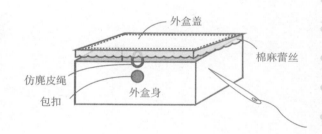

3-3 将仿麂皮绳对折后，两端手缝固定于外盒边缘中间位置。再将棉麻蕾丝两端向后折入1cm后，沿着外盒盖四边对齐，并用藏针缝手缝一圈固定。塑料裸扣用布料包好后，手缝固定于外盒身前面中间位置。

4. 手表枕的缝制。

将布料正面相对，留返口，车缝固定，将手表枕从返口翻回正面。再从返口塞入填充棉至蓬松后，用藏针缝缝合返口。

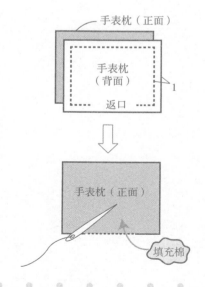

粉红佳人工作袋
Tool Bag

完成尺寸：18cm×31cm（不含绑带）

材料：

粉红圆点棉布：左内侧 20cm×18cm，1片
　　　　　　　右内侧 20cm×15cm，1片
　　　　　　　外侧 20cm×35cm，1片
印花棉布：上盖 24cm×31cm，1片
　　　　　绑带 8cm×75cm，1片
灰色素棉布：左口袋 18cm×20.5cm，1片
　　　　　　右口袋 22cm×19cm，1片

薄布衬：左内侧 18cm×16cm，1片
　　　　右内侧 18cm×13cm，1片
薄单胶棉：外侧 18cm×31cm，1片
白色蕾丝：33cm，1条

做法： 所有布料均已含1cm缝份。

1. 缝制内侧及口袋。

1-1　先用熨斗将薄布衬分别与左、右内侧布料烫合。

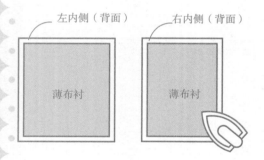

1-3　用水消笔依照以下间距（cm）画好记号。

	a	b	c	d	e	f	g
左内侧	1	5	4	1.5	4.5	1	1
左口袋	1	5	4	3	4.5	2	1

1-2　将左、右口袋分别向下对折后，上端0.2cm处车缝固定。

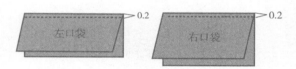

1-4　将左口袋上的记号与左内侧的对齐后车缝固定。底部0.5cm处也车缝固定。

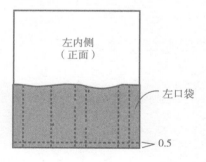

1-5　右内侧及右口袋也以下面的间距(cm)画记号及缝合。

	a	b	c	d	e	f	g
左内侧	1	2	2	4	4	1	1
左口袋	1	3	3	4	4	3	1

1–6 左、右内侧正面相对并缝合固定后，
将缝份用熨斗烫开。

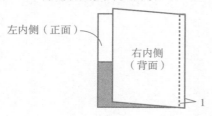

左内侧（正面）

右内侧
（背面）

1

3. 外侧的缝制。

3–1 先用熨斗将薄单胶棉与外侧布料烫
合。再与上盖及内侧正面相对后，
上下车缝固定。

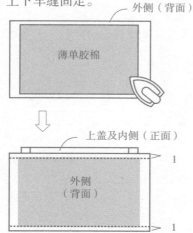

外侧（背面）

薄单胶棉

上盖及内侧（正面）

1

外侧
（背面）

1

3–2 将工具袋翻回正面后，外侧两端
1cm向内折入两次，用熨斗烫压，
并以藏针缝手缝固定。

上盖及内侧（正面）

外侧

1

3–3 最后，在四周0.2cm处车缝一圈固定。

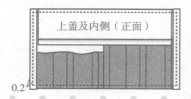

上盖及内侧（正面）

0.2

2. 上盖的缝制。

蕾丝两端1cm向背面折两次后，与上盖正
面相对后缝合。再将上盖向下对折后，上
端剪开返口，并车缝一圈。注意不要缝到
蕾丝！最后将上盖从返口翻回正面，并与
内侧及口袋车缝固定。

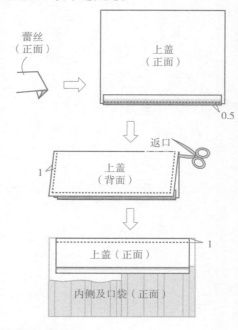

蕾丝
（正面）

上盖
（正面）

0.5

返口

1

上盖
（背面）

1

上盖（正面）

内侧及口袋（正面）

4. 绑带的缝制。

4–1 绑带正面相对向下对折，并留下一
端做返口后车缝固定。绑带翻回正
面后，返口向内折入1cm，并车缝
一圈固定。

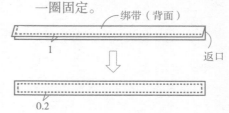

绑带（背面）

1

返口

0.2

4–2 最后将绑带用藏针缝手缝于工作袋
外侧即完成。

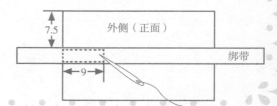

7.5

外侧（正面）

绑带

9

万用棉麻置物篮
Linen Basket

参照原尺寸纸型B面
完成尺寸：36cm×27cm×18cm（不含提把）

材料：

外袋（素棉麻布）：76cm×76cm，1片
内袋／袋底加强隔板（白色素棉布）：90cm×90cm，
1片
反折（白色蕾丝）：52cm×38cm，1片

厚单胶棉：95cm×36cm，1片
透明塑胶板：31cm×22cm，1片
白色蕾丝：4cm×38cm，2条；4cm×29cm，2条
咖啡色提把：40cm，1对

做法： 除厚单胶棉以外，纸型均需另加1cm缝份。

1. 缝制外袋。

1-1 先用熨斗将厚单胶棉分别与外袋布片烫合后，车缝压线。

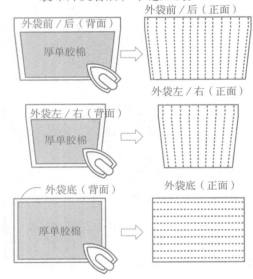

1-2 将外袋前后、左右正面相对后，每片两端车缝固定。外袋底也用相同方式缝合。

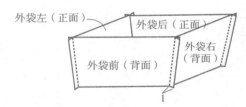

1-3 将外袋翻回正面后，袋底四边0.2cm处车缝一圈，袋身的四角也车缝至厚单胶棉的高度，加强固定。

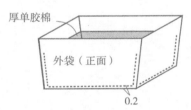

2. 反折的缝制。

2-1 将蕾丝和反折正面相对缝合并烫开缝份后，将四片反折缝合成圈状。

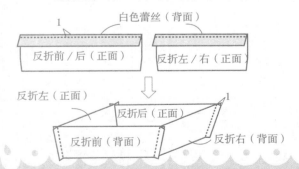

2-2 四角的缝份分别向背面0.5cm折入两次后车缝固定。反折翻至正面后，也于布片拼接处的两侧车缝一圈固定。

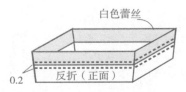

3. 缝制内袋。

参考外袋的缝制方式，将内袋的前后、左右片及内袋底缝合。

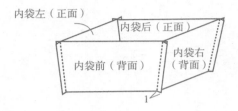

4. 内外袋的组合。

4-1 将反折上的蕾丝朝下套在外袋后，袋口车缝一圈固定。

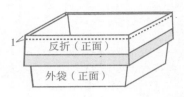

5. 提把的缝合。

用皮革专用线将提把手缝固定在袋身左右两侧。

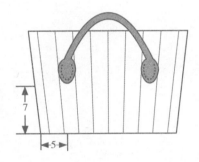

4-2 将外袋套入内袋，并在袋口留下15cm的返口后车缝一圈固定。最后从返口将置物袋翻至正面，并用藏针缝将返口缝合。

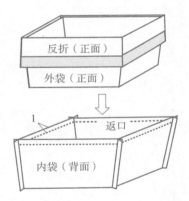

6. 制作袋底加强隔板。

用白色素棉布将透明塑胶板包起来，再放于内袋底部即可。

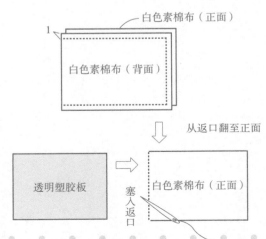

蝴蝶结两用背包
Two Way Bag

参照原尺寸纸型B面
完成尺寸：30cm×35cm×12cm
（不含提把）

材料：

外袋A（素棉麻布）：54cm×37cm，1片
外袋B／外袋底（黄色圆点棉布）：38cm×37cm，1片
内袋／内袋底／提带（黄色系印花棉布）：68cm×37cm，1片；24cm×102cm，1片

薄布衬：72cm×35cm，1片
薄单胶棉：12cm×28cm，1片
皇冠蕾丝贴布烫：1片
磁扣：1组

做法： 除薄布衬及薄单胶棉外，所有布料均需另加1cm缝份。

1. 剪裁布料。

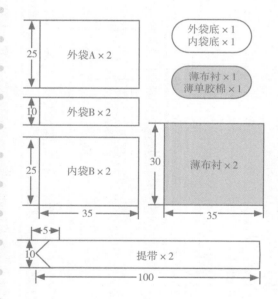

2. 外袋的缝制。

2-1　用熨斗将外袋底、薄单胶棉及薄布衬烫合后，翻回正面车缝压线固定。

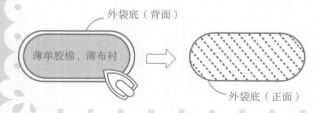

2-2　将两片外袋A及外袋B分别正面相对并车缝固定后，将缝份烫开并与薄布衬烫合。

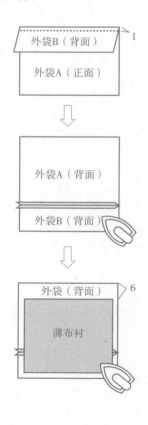

2–3 将外袋翻回正面后，在布片接缝处
车缝绣花做装饰。

2–4 将两片外袋正面相对并在两侧车缝
固定后，将下端与外袋底缝合成
袋状。

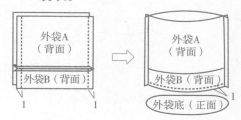

3. 内袋的缝制。

同外袋做法，将两片内袋正面相对并两侧
车缝固定后，将下端与内袋底缝合成袋
状。

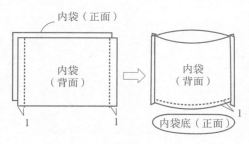

4. 提带的缝制。

4–1 将提带正面相对并向下对折后，中间
预留10cm返口，并车缝一圈固定。

4–2 将提带从返口翻回正面后，于距边
0.2cm处车缝一圈固定。

4–3 将提带下端与外袋正面两侧的上
缘对齐并车缝固定后，将外袋套入
内袋，并在上缘预留10cm返口后，
车缝一圈固定。

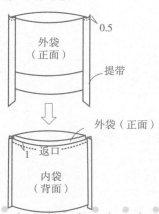

4–4 将内外袋从返口翻回正面后，在袋
口上缘0.2cm处车缝一圈固定。再用
藏针缝将返口缝合，并用熨斗将贴
布烫与袋身烫合。最后将磁扣手缝
于内袋中间靠近袋口处即可。

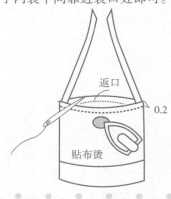

轻巧化妆包

Cosmetic Purse

参照原尺寸纸型A面
完成尺寸：10cm×18cm

材料：

外袋身（鹅黄色圆点棉布）：16cm×20cm，1片
外袋底（素棉麻布）：12cm×18cm，1片
内袋（印花棉布）：24cm×20cm，1片

棉麻蕾丝：2cm×20cm，1条
麻绳：10cm，1条
米白色拉链：18cm，1条

做法： 所有纸型均需另加1cm缝份。

1. 缝制外袋。

1-1　将外袋身及外袋底正面相对并车缝固定后，将缝份熨开，并在布片接合缝上方0.2cm处车缝加强固定。

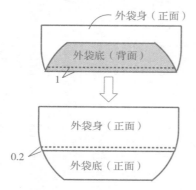

1-3　把拉链与外袋正面相对，从拉链的起点开始下针，将拉链车缝固定。再将内袋反面朝上对齐后，在1cm处车缝固定。拉链的另一边也用相同方式与剩下的外袋及内袋缝合。

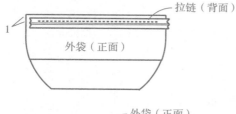

1-2　将蕾丝车缝固定在外袋身标示处。外袋底两端也依图示打折缝合。

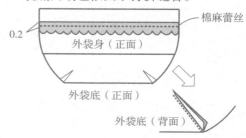

1-4　将外袋正面相对后，车缝一圈固定。

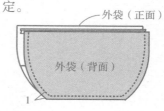

2. 缝制内袋。

参考外袋制作方法，内袋底的两端也依图示打折缝合。再将内袋正面相对后，车缝一圈固定。袋底部分记得留下6cm长的返口。

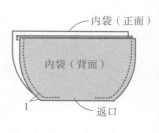

3. 返口的缝合。

将化妆包从返口处翻回正面，并用藏针缝缝合返口后，把内袋从拉链开口塞进袋内。最后将麻绳穿过拉链头并打结做成装饰即可。

蝴蝶飞舞手提袋

Granny Bag

完成尺寸：52cm×35cm（含提把）

材料：

外袋（紫藕色仿丝缎布）：70cm×45cm，1片
内袋（黄色系印花棉布）：70cm×45cm，1片
袋缘（咖啡色刺绣提花蕾丝布）：48cm×25cm，1片

透明亚克力D形提把：13cm宽，1组
复古胸针：1个

做法： 所有布料均已含1cm缝份。

1. 剪裁布料。

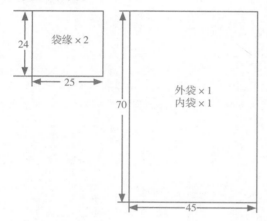

2. 袋身的缝制。

2-1 将外袋上下两端抓皱并对齐袋缘的上端后，车缝固定。再将两端袋缘分别从D形提把中间穿入。

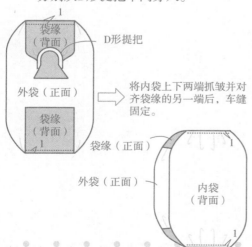

2-2 将外袋及内袋分别正面相对上下对折后，两侧车缝固定。再将四个袋角分别折起8cm车缝固定后，用剪刀把多余的布料剪掉，即完成袋底。

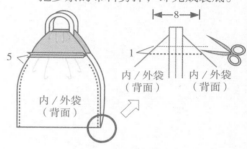

2-3 先将内、外袋分别翻回正面，再将袋缘两侧向内折入1cm后，连同内、外袋侧边缝合固定。

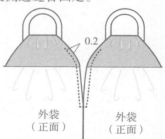

2-4 最后将胸针别在袋缘适当位置即可。

缤纷春日托特包
Tote Bag

完成尺寸：40cm×30cm（不含提把）

材料：

外袋A／外袋B／外口袋（鹅黄色素棉布）：86cm×32cm，1片
外袋底A（印花棉布）：27cm×24cm，1片
外袋底B（紫藕色仿丝缎布）：27cm×24cm，1片
外袋底C／内口袋（粉红色圆点棉布）：59cm×24cm，1片
内袋（米白色素棉布）：82cm×32cm，1片

薄单胶棉：105cm×30cm，1片
米黄色蕾丝：6cm×32cm，2条
米色织带：50cm，2条
银色四合扣：1组

做法： 除薄单胶棉外，所有布料均需另加1cm缝份。

1. 剪裁布料。

将布料分别如图所示裁剪完成。

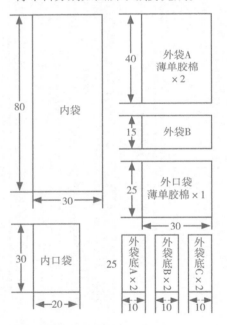

2. 外袋B的缝制。

将外袋B及外袋底拼接缝合后，翻面将缝份熨开，并与薄单胶棉烫合。最后将外袋B翻回正面，并在布片接缝处车缝压线。在外袋底B的部分用水消笔画上三个菱形后，也车缝压线装饰。

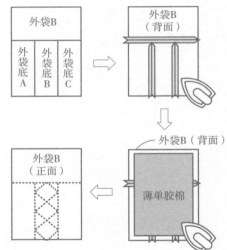

3. 外袋A及外口袋的缝合。

3-1　将外袋底（外袋底A、B、C接合在一起）拼接缝合后，翻面将缝份熨开，并与薄单胶棉烫合。再将外袋底翻回正面，并在布片接缝处车缝压线。在外袋底B的部分用水消笔画上三个菱形后，车缝压线装饰。再将外袋底和外口袋正面相对后，车缝固定。

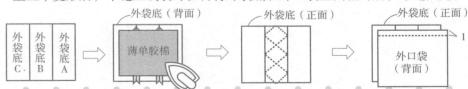

3-2 外口袋向后折，将外袋底翻回正面后，上端车缝固定。再将四合扣钉于中间距离上端2.5cm处。

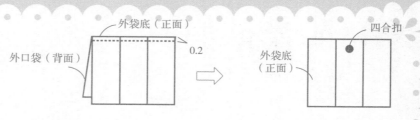

3-3 外袋A的背面用熨斗将薄单胶棉烫合后，翻回正面将四合扣钉于中间距离上端17.5cm处。

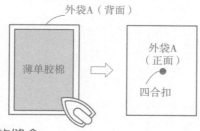

3-4 将外袋A和外袋底的四合扣扣上后，车缝一圈固定。

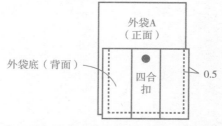

4-2 将外袋A及B正面相对，下端夹入蕾丝后，车缝一圈固定。注意不要缝到蕾丝的两端。

4. 蕾丝的缝合。

4-1 将两条蕾丝正面相对后，两端车缝固定，并翻回正面。

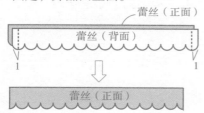

5. 内袋的缝合。

将内口袋正面相对向下对折后，两侧车缝固定。内口袋从返口翻回正面后，返口处向内折入1cm缝份，并车缝固定于内袋正面上端8cm处。再将内袋正面相对向上对折后，两侧车缝固定。

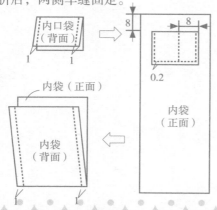

6. 提带及内外袋的缝合。

6-1 将织带中间车缝上喜欢的图案后，两端分别车缝固定在内袋正面上端。再将内袋从袋口放入外袋后，袋口留下10cm的返口后，车缝一圈固定。

6-2 最后将托特包从返口翻回正面后，用藏针缝将返口缝合。

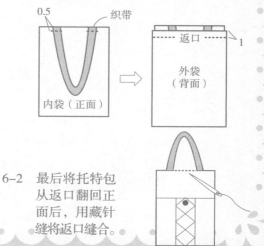

夏日阳光披肩

Summer Shawl

参照原尺寸纸型B面
完成尺寸：54cm×150cm

材料：

A面	纸型编号	B面
蓝绿色条纹棉布	A、E	蓝白色格子棉布：56cm×152cm，1片
白色刺绣提花蕾丝布	B	
鹅黄色圆点棉布	(B)、C、F	
印花纱棉布	D、G	
白色薄棉布	(D)、(G)	
蓝绿色圆点棉布	H	

做法： 编号加上括号者表示底层布，若上层布够厚也可选择不加。所有纸型均需另加1cm缝份。

1. 披肩A面的裁剪及缝合。

布料依纸型分别裁剪并车缝拼接。较薄布料的下面可选择多加一层底布避免透光。

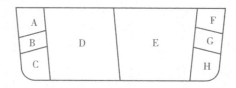

2. 布片压线。

将拼接好的披肩翻面用熨斗熨开缝份后，将披肩翻回表面，并在布片接缝处的两侧车缝压线。

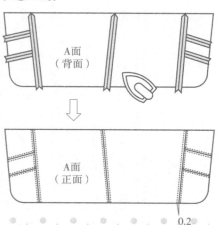

3. 披肩B面的缝合。

3-1　将A、B两面正面相对并留下15cm返口后，车缝一圈固定。

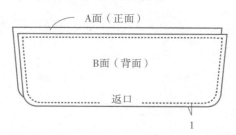

3-2　从返口将披肩翻回正面并车缝一圈固定后，用藏针缝将返口缝合即可。

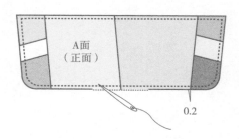

牡丹花头饰
Hair Band

参照原尺寸纸型A面
完成尺寸：102cm×8cm

材料：

A（深蓝色圆点棉布）：40cm×18cm，1片
B（蓝白印花棉布）：14cm×11cm，1片
C（深蓝色棉布）：10cm×3cm，1片；36cm×18cm，1片
D（白色棉布）：16cm×8cm，1片

做法： 所有布料均已含1cm缝份。

米白色蕾丝缎带：2.2cm×29cm，2条
白色蕾丝：1cm×6cm，2条；1cm×10cm，2条
蓝色/紫色透明串珠：2mm，12颗
别针：1个

1. 裁剪布料。

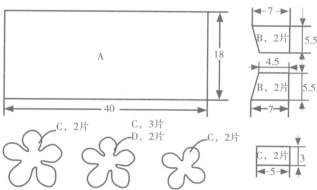

2. 缝制发带部分。

2-1 将A正面相对长边对折，并在1cm处缝合后翻回正面。将B分别正面相对，两侧1cm处缝合后也翻回正面。上下两处返口分别向内折入1cm后，用熨斗熨平。

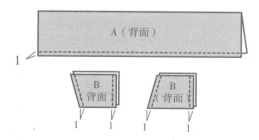

2-2 A的两端打折收至2.5cm后，分别塞入B的较大返口，并在0.2cm处车缝固定。

2-3 两条蕾丝缎带的一端分别塞入B较小的返口后，在0.2cm处车缝固定。C的长边两端向背面折入1cm、短边两端向背面折入0.5cm后，长边对齐对折。用C包覆蕾丝缎带的另一端后，三边在0.2cm处车缝固定。

将B的两端返口缝合处再用蕾丝包覆好后车缝固定。

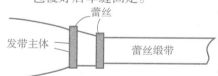

3. 缝制花朵部分。

各尺寸花瓣按照下列顺序交错叠好后，中间手缝几针固定，并在最上层缝上串珠做花蕊。
最上层：蓝色小花瓣，2片
第二层：蓝色中花瓣，1片
第三层：白色中花瓣，1片
第四层：蓝色中花瓣，2片
第五层：白色中花瓣，1片
最下层：蓝色大花瓣，2片
最后将别针手缝在花朵背面，再将花朵别上发带即可。

※注意：花朵缝制完成后记得用手揉一揉，让花瓣有点皱褶，看起来才会自然！

随处挂杂物袋

Hanging Storage

完成尺寸：36cm×44cm

材料：

单杆木头衣架：33cm，1支
表布A（素棉布）：38cm×45cm，1片
表布B（素棉布）：38cm×90cm，1片
装饰花布，1片
※表布A、B可随个人喜好选择不同布料制作。

做法： 所有布料均已含1cm缝份。

1. 测量衣架宽度后多加5cm即布料宽度。
   若衣架宽为33cm，则表布A：（33＋5）cm×45cm；表布B：（33＋5）cm×90cm。

2. 表布A及B上边对齐并正面相对。表布A中间用水消笔画上直径为15cm的圆形作为开口。

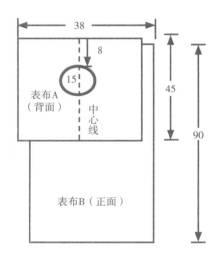

3. 开口的周围以珠针固定后，在圆形记号线上车缝一圈。

4. 于车缝完成的圆圈内0.5cm处剪去中间部分。再将表布A由洞口穿入，将表布A及表布B背面相对后，整理并熨烫洞口。

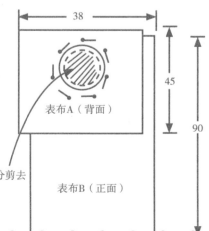

圆圈内留下0.5cm缝份，中间部分剪去

5. 于开口周围距边0.3cm处车缝一圈。

6. 先将表布B正面相对并向上对折。再将衣架放于上方距离边缘1cm处的中心位置后，画出衣架木杆的弧线及衣钩位置，并剪去多余的布料。

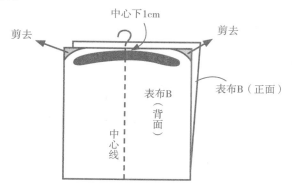

中心下1cm

剪去　　　　　　　剪去

表布B（背面）

表布B（正面）

中心线

7. 此时，表布A夹在表布B中间共三层布。表布B上端预留1cm的洞口后，中心线左右各0.5cm车缝一圈固定，再由圆形开口翻至正面。

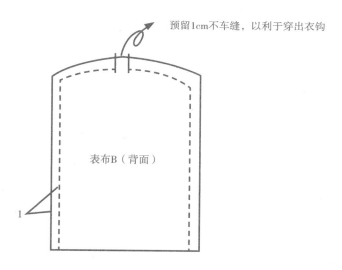

预留1cm不车缝，以利于穿出衣钩

表布B（背面）

1

8. 将衣架由开口放入，衣钩穿出预留的小洞口。

9. 最后将花布上喜爱的图案剪下，并车缝装饰于表布B上。

塑料袋收纳袋
Plastic Bag Holder

完成尺寸：20cm×45cm

材料：

条纹棉布：45cm×60cm，1片
蕾丝：4.5cm×42cm，1条
松紧带：0.5cm×20cm，1条
滚边：1.2cm×60cm，1条

做法： 所有布料均已含1cm缝份。

1. 如图示裁剪收纳袋本布及束口带子。

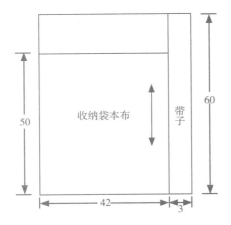

2. 将3cm×60cm的布条以滚边器做成1.2cm宽的滚边后，两端向内折入1cm并对折，于距边0.2cm处车缝固定。

3. 将蕾丝车缝在本布上。

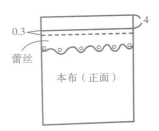

4. 本布正面相对左右对折，于距边1cm处车缝成圆筒状后翻回正面。有蕾丝的一端为上开口，另一端为下开口。

5. 将上开口往蕾丝方向端折下4cm后，于距边1.5cm处车缝一道。

6. 将剩余部分先向上折1cm，再向上折1.5cm，最后在距袋口边缘0.2cm处车缝一道。

7. 下开口向背面折入1.5cm后，于距边1cm处车缝一圈。再用拆线器从本布接缝处将缝份拆开作为穿入口。最后穿入松紧带并两端缝合。

8. 上开口也用拆线器从本布正面接缝处将缝份拆开作为穿入口。最后穿入带子即完成。

下午茶餐垫

Placemat

材料：

表布A（素色棉布）：35cm×54cm，1片
表布B（花色棉布）：39cm×54cm，1片
表布C（花色棉布）：35cm×2.5cm，2条
厚单胶棉：51cm×35cm，1片

做法： 所有布料均已含1cm缝份。

1. 表布A两侧各抽去1.5cm的纱作为侧边流苏。

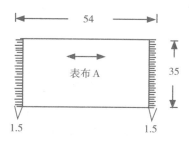

2. 用熨斗将厚单胶棉烫合于表布B的背面。表布B的左右预留1.5cm缝份，上下预留2cm缝份。

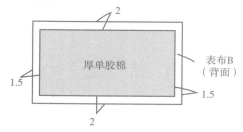

3. 将左右缝份向厚单胶棉方向折入后，于外侧0.2cm处车缝固定。上下缝份往内折入1cm后熨好。

4. 将表布C以滚边器做出宽为0.7cm的滚边条。

5. 将滚边条置于表布A两侧，紧靠流苏后，车缝一道固定。

6. 将表布A及表布B背面相对后，表布B的上下侧各1cm向表布A的正面折入两次，并于距外侧0.2cm处车缝固定。

7. 将表布A四周滚边接缝处用直线或装饰线车缝即完成。

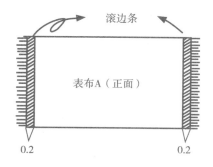

杯垫
Coasters

完成尺寸：每片14.5cm×14.5cm

材料：

回收CD或光碟：12片
双面胶带：1.2cm，1卷
A（素色棉布）：32cm×48cm，1片
B（花色棉布）：32cm×48cm，1片
蕾丝（波浪皱褶）：约1.5cm×37cm，6条

铺棉：36cm×36cm，1片
双面胶：少许
薄单胶棉：少许

做法： 所有布料均已含缝份1cm。

1. 裁剪与CD同尺寸的铺棉六片。

2. 将薄单胶棉用双面胶固定于CD上。

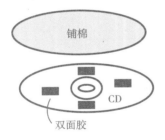

3. 裁剪A、B布各六片，尺寸比CD周围多出1cm。

4. 将CD及铺棉置于A布背面中央。

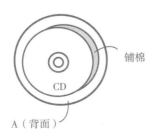

5. 双面胶带剪小段，并尽量在靠CD的外围粘贴一圈。

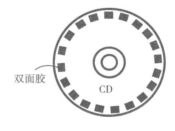

6. 将A布向上折起一圈与胶带黏合。

7. B布也用相同方式与CD相贴，但B布不需要另加铺棉。

8. 将蕾丝无皱褶的一边夹入两片CD间的周围一圈，再以藏针缝缝合即完成。

茶壶保温套
Tea Cozy

参照原尺寸纸型B面
完成尺寸：15cm×26cm×25cm

材料：

CD或光碟：2片
厚单胶棉：25cm×80cm，1片
表布A（素棉布）：30cm×80cm，1片

表布B（印花棉布）：50cm×90cm，1片
双面胶带：1.2cm宽，1卷
松紧带：0.5cm×20cm，1条

做法： 所有布料均已含缝份1cm。

1. 裁剪厚单胶棉。

×2

×2　直径15cm

×1　与CD同尺寸

2. 裁剪表布A。

×2

×1　直径15cm

×2　比CD直径多1cm

3. 裁剪表布B。

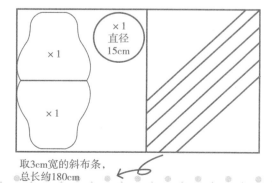

×1
×1
×1　直径15cm

取3cm宽的斜布条，总长约180cm

4. 表布A比CD直径多1cm的两片中，其中一片先与CD用双面胶带黏合，再用多出的1cm缝份将CD边缘全包起来。在另一片表布A与CD中间放入一片与CD同尺寸的厚单胶棉后，以相同方式用表布A将CD包起来。完成后的两片背面相对以藏针缝缝合，作为保温套底部的活动内垫。

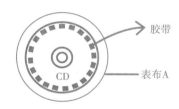

胶带

表布A

CD

5. 将直径为15cm的厚单胶棉两片夹在表布A与表布B（直径皆为15cm）之间，将此三片于边距0.3cm处车缝一圈固定。

表布B（背面）

厚单胶棉

表布A（正面）

0.3

6. 表布B裁剪出的斜布条用滚边器做滚边。

7. 两片侧片除底边外，都车缝上斜布条。

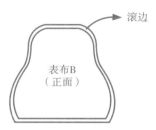

滚边

表布B
（正面）

8. 将步骤5的完成品与步骤7的两片侧片，以表布A正面相对并与底部如下图叠压在一起车缝后，再滚边一圈。

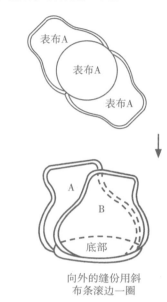

表布A

表布A

表布A

A

B

底部

向外的缝份用斜布条滚边一圈

9. 将100cm长的斜布条左右各留30cm后，中间40cm处与松紧带车缝固定。

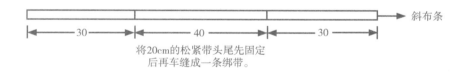

斜布条

30

40

30

将20cm的松紧带头尾先固定后再车缝成一条绑带。

10. 将绑带车缝在侧片上端8cm的中间位置，两端30cm部分打一个蝴蝶结。

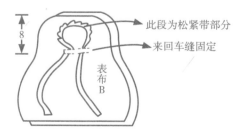

此段为松紧带部分

来回车缝固定

8

表布B

11. 最后将完成后的底部活动内垫有厚单胶棉的一面朝上置入底部即可。

长方形抱枕
Cushion Set

材料：

A（素色棉布）：50cm×64cm，1片
B/绑带（花色棉布）：35cm×100cm，1片
枕芯：30cm×60cm，1个

做法： 所有布料均已含缝份1cm。

1. 裁剪布料及添加记号线。

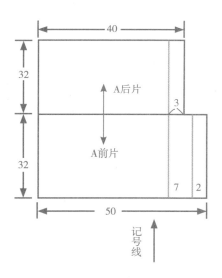

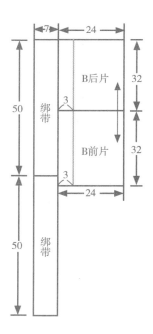

2. A后片及B后片正面相对后，在距边3cm记号处车缝。再将缝份倒向B后片后，在B后片的正面布料接缝线0.1cm处车缝一道。

3. 将A前片的一侧向内1cm折入两次后，在正面车缝一道。

4. 两条绑带分别正面相对以长边对折后，在距边0.5cm处将侧边及上端车缝固定。

5. 将绑带翻回正面并整理熨烫后，在距边0.1cm处车缝一圈固定。

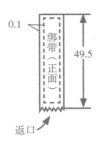

0.1
绑带（正面）
49.5
返口

6. 将绑带在有返口的一端放在B前片背面的左侧中心并车缝一道固定后，左侧向背面1cm折入两次。翻至正面后再车缝两道固定。

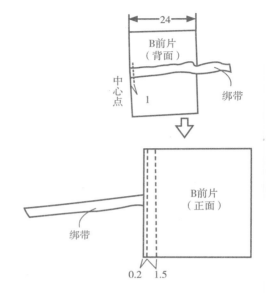

24
B前片（背面）
中心点
1
绑带

B前片（正面）
绑带
0.2 1.5

7. 将另一条绑带放在A前片记号线左边3cm位置后，右边1cm向背面折入两次后并车缝固定。

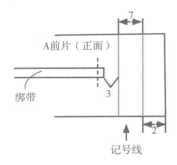

7
A前片（正面）
绑带
3
2
记号线

8. 将步骤7车好的绑带再往右放好后车缝一道。

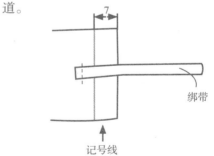

7
绑带
记号线

9. 将B前片左侧叠放在A前片的记号线上，上下各在距边3cm处车缝。

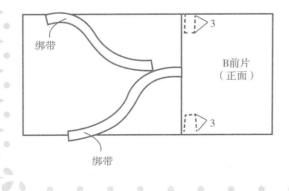

绑带
3
B前片（正面）
3
绑带

10. 将后片及前片正面相对并车缝一圈，由抱枕开口处翻回正面，最后放入枕芯，并将绑带绑成蝴蝶结即完成。

正方形抱枕
Cushion Set

材料：

A（印花棉麻布）：10cm×45cm，4片
B（素棉麻布）：27cm×27cm，1片
C（印花棉麻布）：21cm×44cm，1片
D（素棉麻布）：38cm×44cm，1片
E（素棉麻布）：44cm×44cm，1片

薄单胶棉：45cm×45cm，1片
木质扣：2cm，3个
薄布衬：5cm×44cm，2片
枕芯：42cm×42cm，1个

做法： 所有布料均已含1cm缝份。

1. 将A按纸型裁剪好后，两端分别正面相对车缝固定，成为一个中空正方形。

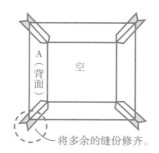

将多余的缝份修齐。

2. 将B与步骤1的正方形正面相对后，车缝一圈固定。

3. 用熨斗将单胶棉烫合于A及B的背面后，将B的部分车缝出3cm的菱形格。

4. 在A及B的接缝处车缝一圈固定。A的正面也配合图案压线后，将多余的单胶棉修齐。

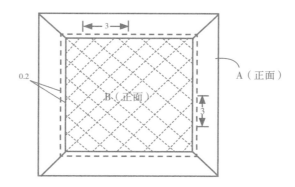

5. 将E放在单胶棉上后，四周0.5cm处车缝一圈完成抱枕前片。

6. 在C的右侧及D的左侧，各在距边1cm处熨烫粘贴上5cm×44cm的布衬。

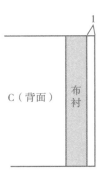

7. 将C的右侧及D的左侧先向背面分别折入1cm，再折入5cm后，在距边0.2cm处车缝固定。

8. 在C的右侧图示位置开扣洞。在D左侧的相对位置手缝上木质扣。

9. 将C的右边5cm重叠于D的左边后，上下距边0.7cm处车缝固定，完成后片。

10. 前后片正面相对，并于四周距边1cm处车缝一圈后，翻回正面即完成。

相框(一)
Photo Frame

材料：

厚纸板：0.2cm×35cm×40cm，1片
布：60cm×60cm，1片
装饰金葱绳：200cm，1条
双面胶带：1.2cm，1卷
厚单胶棉：19.5cm×24cm，1片
胶枪及胶条

做法： 所有布料均已含1cm缝份。

1. 将厚纸板按原尺寸纸型用美工刀切割好。

2. 将布及厚单胶棉分别裁好。

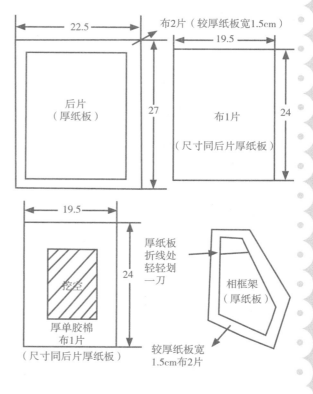

3. 将双面胶带贴在厚纸板的左右两边后把缝份贴上，接着将上下两边也贴上双面胶带后把缝份贴上。

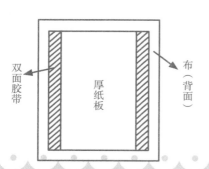

4. 将与厚纸板同尺寸的布19.5cm×24cm，用双面胶带贴在步骤3的完成品上，即完成相框的背面。

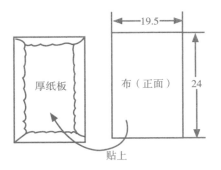

5. 将厚单胶棉以双面胶带贴在挖空的厚纸板上后，以同步骤3的方式将布贴上厚单胶棉，布的中间部分预留1.5cm缝份后剪去，再将缝份向后折入粘贴在纸板上。

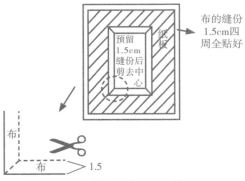

布剪到距厚纸板转角处约0.5cm处停止

6. 再将与挖空的厚纸板同尺寸的布贴在厚纸板上。

7. 将步骤6的完成品缠上金葱绳，用胶枪将头尾固定在相框前片的背面。

8. 相框架两片布及两片厚纸板各自相贴后，缝份包在厚纸板上。再将背面相对后用胶枪黏合。

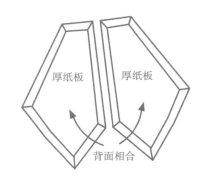

9. 将相框前片及后片背面相对后，其中三边用胶枪黏合，预留一边放入相片（或以藏针缝缝合三边）。

10. 将相框架放在图示位置，以胶枪固定即完成。

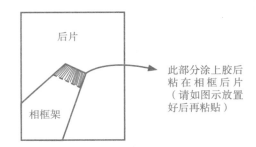

相框(二)
Photo Frame

材料：

厚纸板：0.2cm×35cm×35cm，1片
布：60cm×60cm，1片
不织布：1小块
双面胶带：1.2cm，1卷
厚单胶棉：15.5cm×24cm，1片
胶枪及胶条

做法： 所有布料均已含1cm缝份。

1. 将厚纸板按原尺寸纸型用美工刀切割好。

2. 参考相框(一)的步骤2将布及厚单胶棉分别
   裁好。

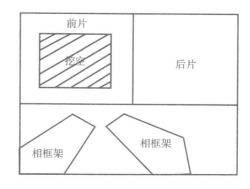

3. 执行相框(一)的步骤3及4。

4. 将厚单胶棉烫合于四周留缝份的布后，车
   上装饰线。参考纸型将不织布剪出三朵小
   花后，花芯部分缝几针固定在相框前片。

5. 后续步骤与相框(一)的步骤5、6、8、9、
   10相同。

面纸盒

Tissue Box

材料：

厚纸板：0.2cm×40cm×50cm，1片
里布（棉布）：40cm×40cm，1片
表布（花色棉布）：30cm×80cm，1片

厚单胶棉：25cm×70cm，1片
双面胶带：1.2cm，1卷
胶枪及透明胶带
珠针

做法： 所有布料均已含缝份1cm。

1. 裁剪所需材料，如下表所示。

	厚纸板（纸型）	里布	表布	厚单胶棉
上面	11.4cm×22.4cm，1片	—	14.5cm×25.5cm，1片	11.5cm×22.5cm，1片
上面内	11cm×22cm，1片	13cm×24cm，1片	—	—
长立面	11cm×11cm，2片	13cm×13cm，2片	14cm×72cm，1片	11cm×68cm，1片
宽立面	11cm×22cm，2片	13cm×24cm，2片		

2. 将里布及相对的厚纸板用双面胶带包圈黏合（先黏合上下边，再黏合左右边）。

3. 厚纸板与里布黏合好后，将里布在抽出口位置剪出如图的形状，不可剪到底，留出厚纸板的厚度后，将布拉到厚纸板的方向黏合。

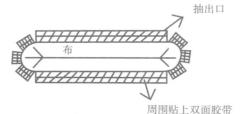

抽出口

布

周围贴上双面胶带

4. 将包好里布的长、宽立面共四片，相接成一个长立方体。

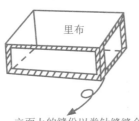

里布

立面上的缝份以卷针缝缝合，最好将纸板也缝一点进来

5. 取上面厚纸板盖在步骤4的完成品上，四周贴上双面胶带后盖上厚单胶棉，中间的抽出口要对齐。

6. 在立面与上面厚纸板相接的边缘贴上一圈双面胶带后，将一片14.5cm×25.5cm的表布盖在上面，用手掌将四边往下把多余的布黏合在立面的厚纸板上。

7. 与步骤3相同，将中间开口处理完成。

8. 用胶枪将步骤3的完成品厚纸板与上面厚纸板黏合。

9. 将一片11cm×68cm的厚单胶棉绕立面一圈，在角边接合两端，两端用手缝线粗缝几针固定。

10. 将14cm×72cm表布上下烫折1.5cm缝份，左右取一边烫折1.5cm缝份。

11. 将上述布条绕立面一圈，四角用珠针稍做固定后，以藏针缝缝合上下两边及两端接合处。

棉麻芳香袋
Fragrant Sachet

材料：

卡其色棉麻布：20cm×20cm，1片
细丝带：0.7cm×45cm，2条
填充棉：适量

精油：适量
穿带器

做法： 所有布料均已含1cm缝份。

1. 裁布10cm×20cm，2片。
2. 将表布正面的上端向下折5cm后，分别在2.5cm处及1.3cm处做记号。
3. 在距边0.8cm处剪开四段。

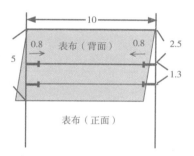

4. 将通道上下、左右剪开0.8cm部分，先各自折往中间后，沿边车缝两道固定。

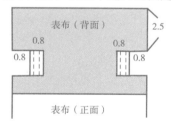

5. 前后两片通道的缝份处理好后，两侧0.8cm处车缝固定。

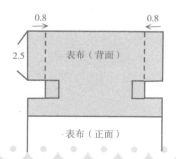

6. 完成上述步骤后，将前后两片翻回正面。
7. 在正面袋口2.5cm的左右靠边0.2cm处车缝，再车缝通道的上、下两条线。

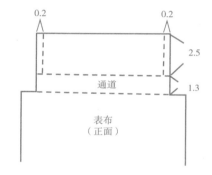

8. 将完成上述步骤后的前后两片表布，正面相对车缝一圈，缝份为0.8cm。

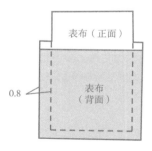

9. 袋底两角0.5cm处车缝裁角可加宽底部。
10. 将一条细丝带的一端由前片通道穿入，另一端由后片通道穿出后，两端打结固定。另一条细丝带也用相同方式穿入。最后袋内放入滴有精油的填充棉即完成。

浪漫衣架
Cloth Hanger

完成尺寸：40cm

材料：

木质衣架（简易型单杆）：40cm，1支
蕾丝（7cm宽）：挂钩部分16cm，1片；衣架部分84cm，1片
米色坯布：12cm×46cm，1片
厚棉衬：5cm×84cm，1片
细丝带：24cm，1条
珠针

做法： 所有布料均已含1cm缝份。

1. 将16cm长的蕾丝裁剪成3cm宽的布条，正面相对对折后车缝固定。翻回正面后套入挂钩。

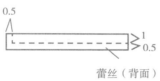

2. 厚棉衬以左右包覆方式将衣杆包在中间，厚棉衬的两端在衣钩接合处会合。

3. 以手缝方式将厚棉衬用卷针缝固定，完全包覆木杆部分。

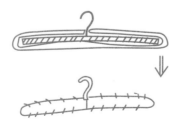

4. 坯布的四角各裁去一些。

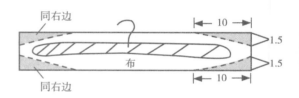

5. 裁好的坯布四周均向内熨烫折出1cm的缝份。

6. 立起衣架放在坯布上，由下往上包住衣架以珠针固定后，在缝份处用藏针缝缝合。

7. 84cm蕾丝正面相对对折，两端如图示车缝出弧形，中心留1cm不车缝。

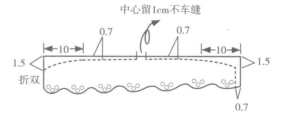

8. 翻面整理并熨烫，将衣钩由中心留口处穿出，绑上细丝带后，即完成。

薰衣草芳香袋

Fragrant Sachet

材料：

薄棉布：15cm×30cm，1片
蕾丝：5cm×12.5cm，1段
魔鬼毡：2cm×5cm，1组
细棉绳：0.6cm×50cm，1条

做法： 所有布料均已含1cm缝份。

1. 裁剪布料。

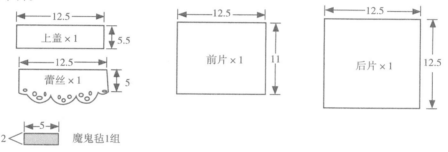

2. 上盖下侧及前片上侧向背面烫折出1cm缝份后，如图示车缝上魔鬼毡。

前片魔鬼毡车缝在正面紧靠上缘处

上盖魔鬼毡车缝在背
面缝份紧靠下缘处

前片（正面）

3. 将蕾丝叠在车缝好的魔鬼毡的上盖上缘，距上缘0.5cm处车缝固定后，再与前片魔鬼毡合成一片有盖子的前片。
4. 前、后片正面相对，在距边1cm处车缝一圈固定后，由袋口翻回正面，整理并熨烫。
5. 将细棉绳尽量靠近袋缘车缝一圈固定。
6. 细棉绳的两端在最上方，以互相包边的方式车缝两道，固定后即完成。

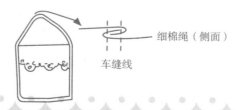

细棉绳（侧面）

车缝线

卷筒卫生纸盒
Toilet Roll Box

材料：

厚纸板：0.2cm×99cm×35cm，1片
厚单胶棉：46cm×50cm，1片
里布：40cm×50cm，1片
表布：55cm×55cm，1片
包心滚边：55cm，1条

双面胶带：1.2cm宽，适量
透明胶带：1.2cm宽，适量
胶枪

做法： 所有布料均已含1cm缝份。

1.准备。
切割厚纸板：
(d) 底座圆直径13.8cm，1片
(c) 内立面13cm×41.5cm，1片
(d1)外立面13cm×43cm，1片
(a) 上盖内板直径圆14.5cm，1片
　　（中间挖空直径4cm的圆）
(e) 上盖外板直径圆15.5cm，1片
　　（中间挖空直径4cm的圆）
(b) 上盖内立面3cm×45.5cm，1片
(e1)上盖外立面3cm×48.5cm，1片
裁厚单胶棉：
(f) 直径13.2cm的圆，1片
(d2)直径13.8cm的圆，1片
(a1)直径14.5cm的圆，1片
　　（中间挖空直径4cm的圆）
(e2)直径15.5cm的圆，1片
　　（中间挖空直径4cm的圆）
(d4)13cm×44cm，1片
(e4)3cm×49.5cm，1片
裁里布：
(f1) 直径13.5cm的圆，1片
(c1) 15cm×43.5cm，1片
(a2) 直径18cm的圆，1片
(b1) 5cm×47.5cm，1片
裁表布：
(d3)直径16cm的圆，1片
(d5)15cm×50cm，1片
(e3)直径18.5cm的圆，1片
(e5)5cm×55cm，1片

2. 将(a1)用双面胶带贴在(a)上，再以(a2)将
   (a1)包起来后，中间的洞剪成离纸板(a)圆
   周为0.3cm处的放射状，再以双面胶带将
   里布翻贴在纸板(a)上。

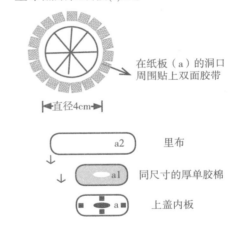

在纸板（a）的洞口
周围贴上双面胶带

|←直径4cm→|

里布 a2
↓
同尺寸的厚单胶棉 a1
↓
上盖内板 a

3. 将四片立面纸板(b)、(c)、(d1)、(e1)以美工
   刀每隔2cm轻划割出由上而下的切割线，
   避免太用力割断，以便于将厚纸板塑形成
   圆筒状。

4. 将(b1)包住(b)，四周以双面胶带粘贴好。

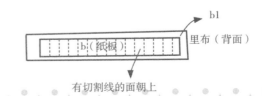

b1
里布（背面）
b（纸板）
有切割线的面朝上

5. 参照步骤4，将(c1)包住(c)，四周用双面胶带粘贴好。

6. 将(d1)左右两侧相接，以透明胶带粘成圆筒状。(e1)的左右两侧也相接，以透明胶带粘成圆筒状。

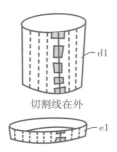

切割线在外

d1

e1

7. 将厚纸板(d)盖在圆筒(d1)上，用透明胶带固定。厚纸板(e)盖在圆筒(e1)上后，用透明胶带固定。

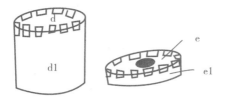

d1

d

e

e1

8. 将(d2)放在(d)上，再将表布(d3)盖在上面，(d1)靠(d)的上缘，贴一圈双面胶带后，将(d3)多余的部分全粘贴在(d1)上。

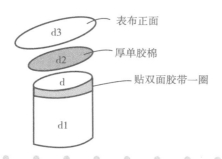

表布正面

d3

厚单胶棉

d2

贴双面胶带一圈

d

d1

9. 参照步骤8，将(e2)放在(e)上，再将表布(e3)盖在上面，(e1)靠(e)的上缘，贴一圈双面胶带后，将(e3)的多余部分全粘贴在(e1)上。

10. 将步骤9的完成品，中间挖空部分参照步骤2完成洞口处理。

11. 滚边以疏缝方式沿着(e)与(e1)的交接处进行。

12. 用胶枪将步骤2的完成品固定在盖子里面，特别注意中间的洞口要对齐，再将步骤4的完成品套在里面，此时里面完全看不见厚纸板部分。

13. 用胶枪将厚单胶棉(f)粘在(d1)的圆筒内底部，再盖上里布(f1)后塞入步骤5的完成品，此时圆筒里面完全看不到厚纸板部分。

14. 将厚单胶棉(d4)围在(d1)上，将厚单胶棉(e4)围在(e1)上。

15. 将(d5)及(e5)的表布上下向背面各烫折出1cm缝份，左右取一边向背面烫折出1cm缝份。

e5

烫折出1cm缝份

表布（背面）

表布（正面）

d5

取一边烫折出1cm缝份

16. 将熨烫好的(d5)以藏针缝连接底部与内圈的里布及立面衔接处。

17. 将熨烫好的(e5)用藏针缝连接上盖与内圈的里布及立面衔接处。

18. 将卷筒卫生纸抽去中间的纸筒后，放入并盖上盖子，即可由中间的洞口抽取卫生纸。

小瓢虫针插

Pin Cushion

参照原尺寸纸型A面
完成尺寸： （小）4cm×6cm
　　　　　（大）4.7cm×6.2cm

材料：

厚纸板：0.1cm×4.7cm×6.2cm，1片
坯布：12cm×12cm，1片
表布（亮面丝缎布）：12cm×20cm，1片
亮片：2片（装饰眼睛）
小珠针：2支（装饰眼睛）
填充棉：适量
黑色手缝线

做法： 所有布料均已含1cm缝份。

1. 剪4.7cm×6.2cm纸板一片。

2. 裁剪与CD同尺寸的坯布及表布各一片，并裁剪比蛋形厚纸板四周多2cm的表布一片。

3. 用手缝线在坯布周围边距0.5cm处疏缝一圈后不剪线，拉线渐收口，并在收口内塞入填充棉。一边收线一边塞，同时将收口左右缝合，并做上尖下圆的造型至收口缝合完成。

4. 与CD同尺寸的表布圆周边距0.5cm处疏缝一圈后不剪线，拉线呈一小碗状后，将步骤3的完成品塞入再拉紧线，调整皱褶尽量集中在上下两端后，开口处左右缝合。

5. 以黑色手缝线在较尖的那一端下1.8cm
处，缠绕两圈固定在背面，接着在正中间
上下绕三圈，固定在背面。

6. 在底部表布周围边距0.5cm处用手缝线疏缝一圈后，放入厚纸板收线拉紧包住纸板，收口缝几针固定。

7. 将包好表布的厚纸板与步骤5的完成品用藏针缝缝合。

8. 头部用亮片及小珠针固定，即完成可爱的小瓢虫。

针线盒
Sewing Box

完成尺寸：11cm×21.5cm×29cm

材料：

厚纸板：0.2cm×45cm×60cm，1片
表布（花色棉布）：45cm×100cm，1片
里布（素色棉布）：70cm×70cm，1片
织带：1.6cm×120cm，2条

布衬：10cm×32cm，1片
铺棉：0.5cm×35cm×100cm，1片
木珠：4颗
双面胶带：1.2cm，1卷

做法： 所有布料均已含1cm缝份。

1. 将所有需要的材料如下表裁好。

	厚纸板	里布	表布	铺棉
底	20cm×28cm，1片	22cm×30cm，1片	23cm×31cm,1片	20cm×28cm，1片
长底立面	10cm×20cm，2片	12cm×22cm，2片	13cm×100cm，1片	10cm×96cm，1片
宽底立面	10cm×28cm，2片	12cm×30cm，2片		
顶盖	20.5cm×28.5cm，1片	22.5cm×30.5cm，1片	31.5cm×33cm，1片	25cm×28.5cm，1片
前盖	4cm×28.5cm，1片	6cm×30.5cm，1片		
盖中隔	—	3cm×30.5cm，1片		

2. 将底及四片底立面的厚纸板分别与对应的里布用双面胶带黏合（黏合的部分为1cm缝份）。

3. 用藏针缝将四片底立面与底缝合（正面朝上）。

```
          ┌──────────────────────┐
   10 ↕   │   宽底立面（里布）      │
     ┌────┼──────────────────────┼────┐
     │长底│                      │长底│
     │底立│                      │底立│
     │面  │      底（里布）        │面  │
     │（里│                      │（里│
     │布）│                      │布）│
     └────┼──────────────────────┼────┘
   10 ↕   │   宽底立面（里布）      │
          └──────────────────────┘
```

4. 底与立面的一边缝合后，将立面立起用藏针缝缝合，成一个无盖盒状。

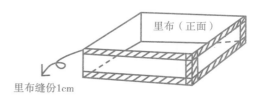

里布（正面）

里布缝份1cm

5. 将顶盖、前盖的厚纸板与里布，分别用双面胶带包起来黏合于缝份处。

6. 裁一片20cm×32cm里布与一片10cm×32cm布衬，将里布的1/2处贴上布衬后，对折将布衬夹在中间。

7. 取包好里布的顶盖与步骤6的成品按下图叠合，视个人需要车缝出数条分隔线，便于放置缝纫工具。

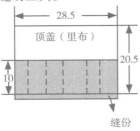

8. 将31.5cm × 33cm表布三边烫折出1.5cm缝份，成为28.5cm × 31.5cm的布块。

9. 将两条织带分别车缝在离左右侧4cm处。

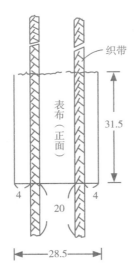

10. 盖中隔左右向背面熨烫折入1cm，使之成为3cm × 28.5cm。

11. 将步骤9完成品背面朝上，盖上25cm × 28.5cm铺棉。距上缘3cm处放上盖中隔，再对齐上缘放上包好里布的前盖后，隔0.7cm放上顶盖。

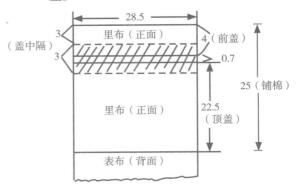

12. 有如三明治般的铺棉夹在里布与表布之间，三边用藏针缝缝合后将开放的那一边用双面胶带贴在盒子的立面。

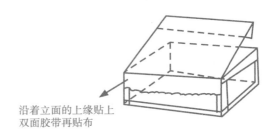

沿着立面的上缘贴上双面胶带再贴布

13. 将盖子翻开，在与立面衔接的地方，用藏针缝缝合（在里布那一面操作）。

14. 将10cm × 96cm铺棉先重点固定在立面边缘一圈。

15. 将表布13cm × 100cm四边熨烫折成10cm × 96cm的长布条，盖在绕好厚单胶棉的立面上，在转角立面上衔接布条的两端。

16. 织带的1／2已车在顶盖上，另外的1／2在背面的立面被铺棉及布条盖住后，其余绕过底部在前面的立面缝布条，将织带塞进去约1cm再折出来，即可固定成为绑蝴蝶结的另一端。

17. 将10cm × 96cm表布用藏针缝缝合（与立面上下两端及衔接处）。

18. 织带的开放端用木珠打结即完成。

轻松带休闲包
Shoulder Bag

材料：

表布A（条纹帆布）：55cm×110cm，1片
表布B（碎花棉布）：24cm×66cm，1片
里布（绿色棉布）：85cm×110cm，1片
单胶棉：40cm×90cm，1片
拉链：20cm，1条

织带：2.5cm×80cm，2条
布衬：53cm×110cm，1片
底板：12cm×42cm，1片
磁扣：1组

做法： 所有布料均已含1cm缝份。

1. 裁布（含缝份）。

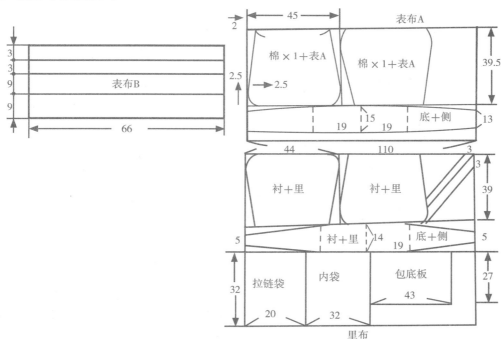

2. 内袋烫贴53cm×30cm布衬后正面相对对折，预留6cm返口车缝一圈固定，翻回正面后整理并熨烫。

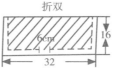

3. 取一片加了布衬的里布袋，将上述内袋车缝三边固定，再车缝一道成为两个分隔袋。

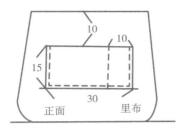

4. 将两片3cm×20cm的布衬贴在20cm×32cm的拉链袋上下两端。

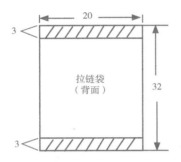

5. 将拉链拉开后上半部与拉链袋的上端车缝，下半部与拉链袋另一端车缝。

6. 将拉链袋如图示调整好后，将3cm×20cm的里布条在两侧包边，成为一个有拉链的小袋子。

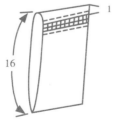

7. 取另一片贴了衬的里布袋，将拉链车缝三边成为一个重叠袋子。

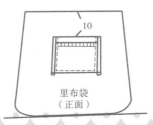

8. 两片加单胶棉的表布A与底+侧分别正面相对车缝一圈固定成袋状，缝份转角处剪牙口，完成后翻回正面。在侧边+底部的布片上距边0.5cm处车缝。

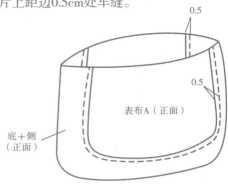

9. 在袋口侧边做左右各1.5cm的内折。

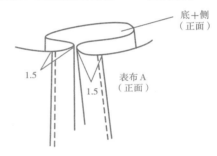

10. 将缝好内袋及拉链袋的两片里布与加衬的底+侧正面相对车缝一圈成袋状。

11. 将步骤10的完成品套入步骤8的完成品内，在袋口先疏缝一圈。

12. 用3cm×66cm的表布B布条做滚边，车缝在80cm的织带中间。

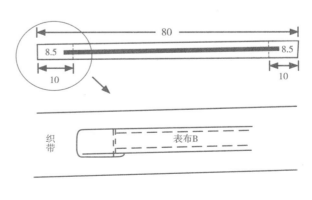

13. 将织带在袋口先行固定。

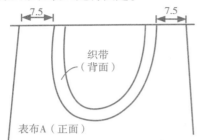

14. 将两条9cm×66cm的布条车缝接成一条9cm×130cm的宽布条，与袋口表布正面相对在距边2.5cm处车缝一圈。

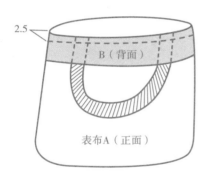

15. 将表布B的宽布条翻回正面后，多余部分包到袋口里面，在正面沿着滚边与表布A的交界线车缝一圈（缝份1cm，如图所示）。

16. 滚边下3.5cm处在织带上来回车缝固定后，翻回正面织带。

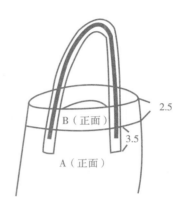

17. 织带与滚边交界处来回车缝固定即完成。

18. 在袋口内面左右各缝上磁扣，就可以轻松带着走了。

19. 为避免放入物品时底部不平整，可做一个活动底板。取27cm×43cm的里布，在27cm的边正面相对对折（缝份为1cm）后车缝，预留一边不车缝，翻回正面后，放入12cm×42cm底板，再用藏针缝缝合即完成。

典雅化妆包
Cosmetic Purse

参照原尺寸纸型B面
完成尺寸：3cm×14cm×18.5cm

材料：

表布A（条纹帆布）：31cm×18.5cm，1片
表布B（碎花棉布）：11cm×20cm，1片
里布（纯棉布）：30cm×18.5cm，1片
薄单胶棉：31cm×18.5cm，1片
拉链：35cm，1条

织带：1.2cm×30cm，2条
布衬：10cm×11cm，1片
斜布条（同表布A）：3cm×90cm，1条
侧边挡：2.5cm×5cm×6cm，2片

做法： 所有布料均已含1cm缝份。

1. 将11cm×20cm的表布B对折成11cm×10cm，
   一半贴布衬后整理并熨烫，折双的部分，在
   距边0.2cm处压缝成为袋口。

2. 将表布B依纸型剪好后，与同尺寸的单胶棉
   烫合。将10cm×11cm小口袋放置如图所示的
   位置，并车缝上织带，盖住袋子左右两侧封
   边。

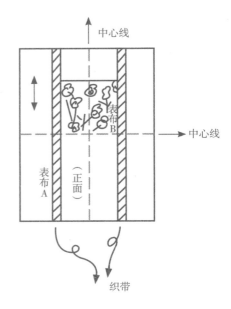

3. 裁剪5cm×18.5cm表布A两片为底。

4. 将步骤2的完成品与30cm×18.5cm的里布相
   对，四周疏缝固定。

5. 将步骤3两片底的两条长边烫折出1cm缝
   份，成为3cm×18.5cm的布片，一片正面朝
   上，放里布正中位置，另一片放在表布正
   中位置后，在上下距边0.2cm处车缝固定。

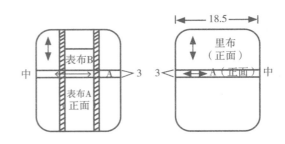

6. 裁表布A侧边挡四片（如图所示）。

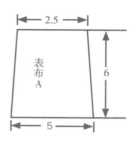

7. 将拉链的两端各与两片侧边挡缝合（拉链宽2.5cm），翻回正面于距边0.5cm处车缝固定。

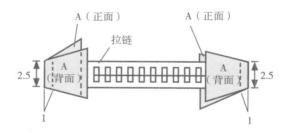

8. 将步骤5及7的完成品用手缝方式先行固定，所有缝份皆朝外露。

9. 用3cm×90cm斜布条将外露的缝份用滚边方式包覆一圈即完成。

缝份均朝外

随身眼镜袋
Glasses Pouch

材料：

表布（印花棉布）：25cm×25cm，1片
里布（素色棉布）：25cm×25cm，1片（不含带子）
单胶棉：20cm×25cm，1片

做法： 所有布料均已含1cm缝份。

1. 依纸型裁表布及里布各两片。

2. 将表布与单胶棉黏合后，车缝2cm菱形格。

3. 里布两片正面相对后，车缝不翻面（缝份为0.5cm）。

4. 加上单胶棉的表布两片，正面相对后车缝不翻面（缝份为0.5cm）。

5. 将步骤3的完成品放在步骤4的完成品上，周围先疏缝固定（预留袋口不缝），再车缝一圈（缝份为0.7cm）。

6. 将表布翻回正面，里布套在里面，单胶棉即在两者之间。

7. 取5cm×22cm表布一片，正面两端车缝（缝份为1cm）一圈后翻回正面。

8. 裁3cm×6cm里布两片做眼镜袋的双耳，
   将布片置于袋口左右两侧，缝几针与袋口
   固定。

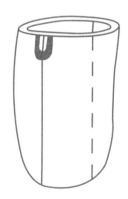

9. 将步骤7的完成品正面放在袋口里车缝一圈后翻开（缝份为0.5cm），翻开的部分，往外对折后再往表布方向折下来，包住袋子双耳后用藏针缝缝合。

10. 若有多余的里布则可用来做带子（需80cm），若无，则可用皮绳代替。

钥匙袋
Key Pouch

材料：

表布（棉布）：15cm×25cm，1片
里布（棉布）：20cm×50cm，1片（不含带子）
厚单胶棉：10cm×12cm，1片

木质装饰珠：1个
钥匙圈：1个

做法： 所有布料均已含1cm缝份。

1. 依纸型裁剪表布、里布各两片，厚单胶棉只取中间部分裁两片。

2. 厚单胶棉与表布分别先烫合。

3. 表布、里布分别正面相对，两侧车缝（0.5cm缝份）。

4. 将车缝好的里布翻回正面后，将表布套在上面，上下开口分别对齐后，先用手缝线疏缝固定。

5. 下开口缝份0.5cm，车缝一圈后翻回正面。

6. 整理并熨烫出中间厚单胶棉部分的形状，一圈有四条线。

7. 四条线分别在距边缘0.2cm处车缝装饰线。

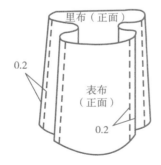

8. 裁3cm宽、50cm长的里布布条，取30cm作为绑钥匙圈的带子，其余在袋口做滚边。

9. 袋口的滚边由侧边的折子中心开始操作一圈完成后，将多余部分折往内圈，用手缝方式将袋口的缝份完全包住。

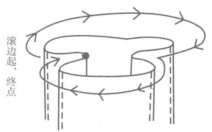

10. 完成步骤9后，折出如图示形状，将ab、cd两条滚边用藏针缝缝合，中间1cm不缝合作为带子穿出口。

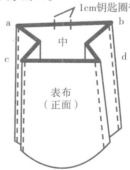

11. 将步骤8的30cm绑带对折套入钥匙圈后，放入袋中由里面往上穿出后，用木质装饰珠装饰并打结。

　　本书为精诚资讯股份有限公司悦知文化授权河南科学技术出版社于中国大陆（台港澳除外）地区之中文简体版本。本著作物之专有出版权为精诚资讯股份有限公司悦知文化所有。该专有出版权受法律保护，任何人不得侵害之。

版权所有，翻印必究
著作权合同登记号：图字16—2011—199

图书在版编目（CIP）数据

爱上法式生活手作/吴玲月，Dianne著. —郑州：河南科学技术出版社，2012.6
ISBN 978-7-5349-5531-0

Ⅰ.①爱…　Ⅱ.①吴…　②.D…　Ⅲ.①布料–手工艺品–制作　Ⅳ.①TS973.5

中国版本图书馆CIP数据核字（2012）第042338号

出版发行：河南科学技术出版社
　　　　　地址：郑州市经五路66号　邮编：450002
　　　　　电话：（0371）65737028　65788613
　　　　　网址：www.hnstp.cn
策划编辑：刘　欣
责任编辑：张　建
责任校对：耿宝文
封面设计：张　伟
责任印制：张艳芳
印　　刷：北京盛通印刷股份有限公司
经　　销：全国新华书店
幅面尺寸：190 mm×240 mm　印张：8　字数：100千字
版　　次：2012年6月第1版　2012年6月第1次印刷
定　　价：32.00元

如发现印、装质量问题，影响阅读，请与出版社联系。